JSP
画面をつくるのが得意
表示

サーブレット
処理を書くことが得意
行う

JN217636

かんたん
IT基礎講座

ゼロからわかる
サーブレット
＆JSP
超 入門

スリーイン株式会社
大井渉、小田垣佑、金替洋佑 ［著］

技術評論社

ご注意

ご購入・ご利用の前に必ずお読みください。

● 本書に記載された内容は、情報提供のみを目的としています。したがって、本書を用いた運用は、必ずお客様自身の責任と判断によって行ってください。これらの情報の運用の結果について、技術評論社および著者はいかなる責任も負いません。

● 本書記載の情報は、2018年3月現在のものを記載していますので、ご利用時に変更されている場合もあります。ソフトウェアに関する記述は、特に断りのない限り、2018年3月現在での最新バージョンをもとにしています。ソフトウェアはバージョンアップされる場合があり、本書での説明と異なる場合がありえます。

● 本書の使用するサンプルファイルなどは以下のURLから入手できます。

http://gihyo.jp/book/2018/978-4-7741-9684-8/support

詳しくは「サンプルファイルについて」をお読みになったうえでご利用ください。

● 本書の内容およびサンプルファイルに収録されている内容は、以下の環境にて動作確認を行っています。

OS	Windows 10 Home (64ビット版)
MySQL	5.7.21
Pleiades All in One	4.7.2 (64ビット版)

上記以外の環境をお使いの場合、操作方法、プログラムの動作などが本書内の表記と異なる場合があります。あらかじめご了承ください。

以上の注意事項をご承諾いただいたうえで、本書をご利用ください。

※ Microsoft、Windowsは、米国Microsoft Corporationの米国およびその他の国における商標または登録商標です。
※ JavaおよびMySQLは、Oracle Corporationおよびその子会社、関連会社の米国およびその他の国における商標または登録商標です。
※ Apache Tomcatは、Apache Software Foundationの商標または登録商標です。
※ ※ その他、本文中に記載されている製品の名称は、すべて関係各社の商標または登録商標です。

はじめに

　Web技術が身近なものとなり、もうずいぶんと年月が経ちました。
　知りたい情報を簡単に調べることができる「検索サイト」、友達の最新の状況を見ることができる「SNS」、購入したものを配達してくれる「通販サイト」などは、生活を豊かにしてくれます。
　もちろん多くの企業もWeb上でつながった社内システムを利用して、業務情報を共有・管理し、経営戦略を練っています。
　このように生活にも仕事にもWebシステムは切っても切り離せない存在となっています。

　本書は、過去にJavaの文法を学習したことがある方を主な読書対象とし、Javaを用いたWebシステムの作成に必要な知識である、HTML/CSS、JSP、サーブレットなどについて、長年IT企業の新入社員教育を担当している執筆陣が、主にプログラム初心者が理解に苦労した所を中心にやさしく解説しています。
　また最終的には、SQLの基本を学んだあとに、データベースソフトウェアのMySQLと連携させて、ログイン認証付きの掲示板サイトを作成しています。

　本書は、以下のことがきちんと理解できるように執筆しています。

・Webシステムとは何かということ
・JSP、サーブレットの技術を使ってどんなことができるのか

　サンプルプログラムも豊富に用意していますので、本書をきっかけにWebシステム開発の世界に飛び込んでみてはいかがでしょうか。

2018年3月
著者を代表して
大井 渉

CONTENTS 目次

目次

CHAPTER 1
Webシステムの基本を理解しよう　　11

1-1　Webの基礎知識　　12
1-1-1　Webシステムの仕組み　　12
1-1-2　クライアント・サーバー　　12
1-1-3　静的なページ・動的なページ　　13

1-2　サーブレットとJSPの役割　　14
1-2-1　サーブレットとは　　14
1-2-2　JSPとは　　14
1-2-3　Webシステムの構成　　15
1-2-4　サーブレットの役割　　16
1-2-5　JSPの役割　　17
　　要点整理　　17
　　練習問題　　18

CHAPTER 2
開発環境を導入しよう　　19

2-1　開発環境に必要なものを理解しよう　　20
2-1-1　開発環境に必要なもの　　20
2-1-2　統合開発環境　　21

2-2　Eclipse（Pleiades All in One）をインストールしよう　　22
2-2-1　インストーラのダウンロード　　22
2-2-2　Eclipseの展開（インストール）　　24
2-2-3　Eclipseの構成　　25
2-2-4　文字コードの設定　　26
2-2-5　フォントの設定　　29
2-2-6　サンプルコードのインポート　　30

2-3	**MySQL をインストールしよう**	**34**
2-3-1	Visual C++再頒布可能パッケージのインストール	34
2-3-2	インストーラのダウンロード	35
2-3-3	MySQL のインストール	38
2-3-4	MySQL の設定	44
2-3-5	MySQL の動作確認	47
	要点整理	48

CHAPTER 3
Java の基本を理解しよう
49

3-1	**Java の基本文法を理解しよう**	50
3-1-1	変数の宣言と条件分岐	50
3-1-2	配列の制御構造	53

3-2	**オブジェクトを生成して利用してみよう**	**56**
3-2-1	オブジェクトの生成	56
3-2-2	オブジェクトの利用	57

3-3	**複数のデータをまとめて扱ってみよう**	**61**
3-3-1	JavaBeans	61
3-3-2	ArrayList の使い方	65

3-4	**例外処理を行ってみよう**	**67**
3-4-1	例外と例外クラス	67
3-4-2	try-catch 構文	68
	要点整理	70
	練習問題	71

CHAPTER 4
HTML/CSS の基本を理解しよう
73

4-1	**HTML の基礎知識**	**74**
4-1-1	HTML の基本的なタグ	74
4-1-2	フォームの基本	78

CONTENTS　目次

| 4-1-3 | GET送信とPOST送信の違い | 81 |

4-2 CSSを使ったレイアウト　83

4-2-1	CSSとは	83
4-2-2	レイアウトの基本	84
	要点整理	88
	練習問題	89

CHAPTER 5
JSPの基本を理解しよう　91

5-1 JSPの概要　92

| 5-1-1 | JSPの概要 | 92 |
| 5-1-2 | JSPの構成要素 | 93 |

5-2 JSPの作成と実行　94

| 5-2-1 | JSPファイルの作成 | 94 |
| 5-2-2 | JSPの実行 | 99 |

5-3 JSPの基本書式　103

5-3-1	JSPで使用される主なタグ	103
5-3-2	ディレクティブ	109
5-3-3	暗黙オブジェクト	112
	要点整理	116
	練習問題	117

CHAPTER 6
JSPを使いこなそう　119

6-1 アクションタグ　120

| 6-1-1 | インクルードによる処理の連携 | 120 |
| 6-1-2 | フォワードによるページの遷移 | 125 |

6-2 簡易なJSPの記述　127

| 6-2-1 | 式言語（EL式）の利用 | 127 |
| 6-2-2 | カスタムタグ（JSTL）の利用 | 131 |

| 要点整理 | 138 |
| 練習問題 | 139 |

CHAPTER 7
サーブレットの基本を理解しよう　141

7-1　サーブレットの概要　142
7-1-1　サーブレットとは　142
7-1-2　サーブレットの作成ルール　142

7-2　サーブレットの作成と実行　143
7-2-1　サーブレットの作成　143
7-2-2　web.xmlの記述　148
7-2-3　サーブレットの実行　149
7-2-4　サーブレットの動作と構成　151
7-2-5　主なサーブレットのエラー　156

7-3　データの送受信　158
7-3-1　フォームデータの受信　158
7-3-2　受信データの文字化け対策　161
　　　　要点整理　162
　　　　練習問題　163

CHAPTER 8
サーブレットを使いこなそう　165

8-1　さまざまなデータの利用法　166
8-1-1　クッキーの利用　166
8-1-2　セッションの利用　172
8-1-3　初期化パラメータの利用　176
8-1-4　スコープとは　179

8-2　サーブレットの連携　182
8-2-1　インクルードとフォワード　182
8-2-2　インクルードによる処理の連携　182
8-2-3　フォワードによるページの遷移　185

| 要点整理 | 187 |
| 練習問題 | 188 |

CHAPTER 9
データベースと連携しよう
189

9-1　データベースの利用　**190**

9-1-1　データベースとは　190

9-1-2　データベースサーバーへのアクセス　190

9-1-3　データベースの作成　191

9-2　SQLの種類と実行方法　**194**

9-2-1　データベースとテーブルの作成　194

9-2-2　データベースの操作　195

9-3　データベースとの連携　**198**

9-3-1　サーブレットとデータベースの連携　198

9-3-2　JDBCの利用　201

9-3-3　DAOとDTO　205

9-3-4　DAOとDTOを使ったサーブレットの実装　210

要点整理　211

練習問題　212

CHAPTER 10
Webシステムを作成しよう
213

10-1　作成するWebシステムの概要　**214**

10-1-1　Webシステムの実行　214

10-1-2　ログイン認証機能の概要　215

10-1-3　掲示板の概要　217

10-2　ログイン認証　**218**

10-2-1　掲示板システムのプログラム関連図　218

10-2-2　JSPからのサーブレット呼び出し　218

10-2-3　フォームから送信されたデータの取得　220

10-2-4　認証結果によるページの遷移　223

10-3 掲示板への書き込み　　228

10-3-1 セッションによるデータの管理　228
10-3-2 コレクションを使った書き込みデータの管理　230
10-3-3 ログアウト処理　230
要点整理　231
練習問題　232

CHAPTER 11
Webシステムでデータベースを利用しよう　233

11-1 データベースを利用する方式への変更　　234

11-1-1 データベースを利用した実行方法　234

11-2 データベースを使ったログイン認証　　235

11-2-1 データベースを利用したシステム概要　235
11-2-2 認証方法の変更　239
11-2-3 DAOとDTOの利用　240

11-3 データベースによる書き込みデータ管理　　241

11-3-1 書き込み方法の変更　241
要点整理　241
練習問題　242

解答・解説　243
索引　251
著者紹介　255

サンプルファイルについて

本書で使用するサンプルファイルは下記Webサイトよりダウンロードできます。

http://gihyo.jp/book/2018/978-4-7741-9684-8/support

chapter_sample.zipは、Eclipseで使用するサンプルプログラムです。利用方法については、P.30〜33を参照してください。

sql.zipを解凍すると、sql.txtが出てきます。このファイルの内容はChapter 9で使用するSQL文です。利用方法については、P.192を参照してください。

chapter_sample.zip

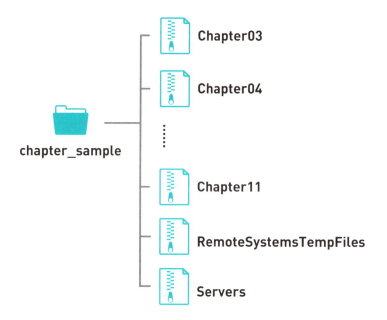

- 「Chapter03〜11」は各ChapterのEclipseの構成ファイルです。
- 「RemoteSystemsTempFiles」は、プラグイン開発用の作業ディレクトリです。本書では利用しません。
- 「Servers」はサーバーの設定ファイルです。本書ではすでに設定を行ったものを利用します。

CHAPTER 1

Webシステムの基本を理解しよう

本章では、これから学習していくサーブレットやJSPが動作しているWebシステムのしくみを理解してから、サーブレットとJSPの基本を理解していきましょう。

1-1	Webの基礎知識	P.12
1-2	サーブレットとJSPの役割	P.14

CHAPTER 1 Webシステムの基本を理解しよう

1-1 Webの基礎知識

ここではWebシステムとは何か、またWebシステムを成立させる形態であるクライアントとサーバー、さらにWebページの種類など、Webの基礎知識について確認していきましょう。

1-1-1 ▶ Webシステムの仕組み

Webは WWW（World Wide Web）とも呼び、元々は「蜘蛛の巣状のもの」という意味を持ちます。インターネットのように、蜘蛛の巣状に張り巡らされた**ネットワークを通じて文字や画像などの情報をやりとりする仕組み**を指します。

システムは目的を達成するための要素の集まりで、それらの要素が互いに影響を及ぼすものを指します。「システムキッチン」が身近にあるものでイメージしやすいでしょう。

システムキッチンは「調理台」「流し台」「コンロ」などの機器で構成されています。

それぞれの機器は関連しており、用途に応じて利用することで「料理を作る」という目的が達成できるのです。

これらのことから、Webシステムとは、**インターネットなどネットワークを通じて、ユーザーに必要な情報を公開し、閲覧させる要素の集まり**と言うことができます。

ユーザーは Google Chrome や Internet Explorer などのブラウザを使用して、文字や画像などの情報を閲覧することができます。また、ブラウザに表示されるWebページは、HTMLという言語で記述して作成されています。HTMLについては**Chapter 4**で解説します。

1-1-2 ▶ クライアント・サーバー

Webシステムのユーザー（が利用するコンピュータ）を**クライアント**、Webシステムを通じてサービスを提供するコンピュータを**サーバー**と言います。ユーザーの目的に応じてさまざまなサーバーが用意されています。代表的なサーバーは**表1-1**のとおりです。

● 表1-1 主なサーバーの種類

ユーザーの目的	対応するサーバー
Webページの閲覧	Webサーバー（HTTPサーバー）
メールの送信	SMTPサーバー
メールの受信	POP3サーバー、IMAPサーバー
ファイルの共有	FTPサーバー

表1-1で挙げた以外にもシステム開発で利用するサーバーがあります。本書でもいくつか出てきますので、その都度解説します。この時点では、**私たちが普段利用しているネットワーク上のサービスは、クライアントとサーバーの関係で成り立っている**ということを理解してください。

1-1-3 静的なページ・動的なページ

HTML形式で記述されたWebページの内容がそのまま表示されるページを静的なページと言います。このページはHTMLでの記述内容を変更しない限り、ブラウザに表示されるWebページの内容に変化はありません。

一方、ユーザーが入力した内容や、そのときの状況に応じて表示する内容が変化するページを動的なページと言います（図1-1）。動的なページは、JavaやPHPなどのプログラム言語を使ってHTMLのページを生成します。本書で学習するJSPやサーブレットはこの動的なページを実現するための技術です。

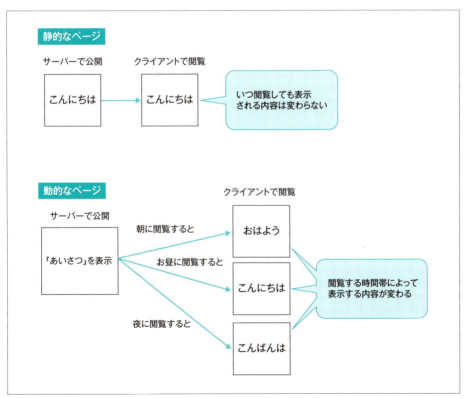

● 図1-1　静的なページと動的なページの違い

1-2 サーブレットとJSPの役割

ここでは、本書のテーマであるサーブレットとJSPとは何かを簡単に確認していきましょう。

1-2-1 サーブレットとは

サーブレットとは、サーバー上で動的なWebページを作成するためのJavaの言語仕様のことです。正しくは「Java Servlet」と言い、JavaでWebシステムを作成するための標準仕様であるJ2EE (Java 2 Platform, Enterprise Edition) の一機能になります。

ほかのJavaプログラミングと同様の文法で記述しますが、**クライアントからのWebページを閲覧する要求に対し、サーバー内で処理を行って、その処理結果をHTML形式にしてクライアントに返す**のがサーブレットの基本的な動作となります。

1-2-2 JSPとは

JSPは「Java Server Pages」の略で、サーブレットと同じくJ2EEの一機能です。サーブレットと異なり**HTMLの記述の中にJavaプログラムを埋め込み、その処理結果を含めてHTML形式でクライアントに返す**のがJSPの基本的な動作となります。

サーブレットとJSPでは実現できることはほぼ同じですが、**図1-2**を見るとわかるように、Javaの記述方法などは異なります。

● 図1-2　サーブレットとJSPの違い

1-2-3 ▶ Webシステムの構成

　Webシステムの構成にはいくつかのパターンがありますが、そのうちの「Webシステムの3層構成」について解説します。
　Webシステムの3層構成は、「Webサーバー」「アプリケーションサーバー（以下、APサーバー）」「データベースサーバー（以下、DBサーバー）」の3つのサーバーで構成されています（表1-2）。

● 表1-2　Webシステムを構成するサーバー

サーバー	概要
Webサーバー	クライアントからのリクエストに対してレスポンスを行う。動的なページを作成する必要がある場合はAPサーバーに依頼する
APサーバー	ビジネスロジック注Aを実行する。データベースとのやり取りが必要な場合はDBサーバーに問い合わせる
DBサーバー	データを効率良く管理し、APサーバーからの問い合わせに応じてデータを操作する

注A　ビジネスロジックについては後述しています。

　この構成のWebシステムでは、クライアントから1回リクエスト（閲覧の要求）があった場合、それに対して1回のレスポンス（結果の応答）を行います。
　このやりとりは静的なページと動的なページでどのように流れが異なるのか、図1-3で確認していきましょう。

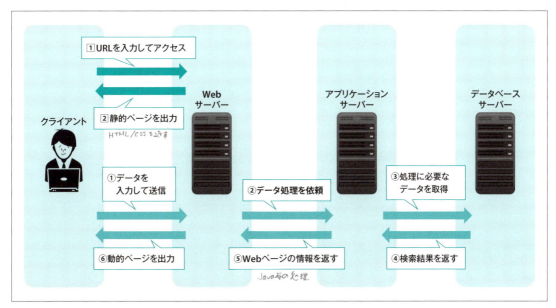

● 図1-3　Webシステムの構成

CHAPTER 1　Webシステムの基本を理解しよう

● 静的なページの場合

最初は静的なページの場合です。

クライアントはブラウザに閲覧したいWebページのURLを入力してWebサーバーにアクセスします（図1-3 **1**）。そのリクエストを **Webサーバーが受け取り、対象のページ情報をそのままクライアントに返します**（図1-3 **2**）。

静的なページは **1-1-3** で述べたとおり、HTML形式で記述されたWebページの内容がそのまま表示されるページですので、リクエストがあれば決まった内容を返すことになります。

● 動的なページの場合

動的なページの場合はどうなっているのでしょうか。

例えば、キーワード検索ではクライアント側でキーワードを入力します。また会員登録の場合は登録する個人情報を入力します。これらの入力した情報はWebサーバーでリクエストとして受け取ります（図1-3①）。

入力されたデータに対し動的な結果を返す場合は、APサーバーに処理を依頼します（図1-3②）。**APサーバーでは、Webサーバーから渡されたデータを元に処理を行います**。このときに行われるシステムごとの独自処理を「**ビジネスロジック**」と言います。

処理したデータを蓄積したり、大量のデータ群から必要なものを検索するなどの場合は、DBサーバーに問い合わせを行います（図1-3③）。

DBサーバーには、そのシステムに必要な **大量のデータを効率良く管理する機能を持ったデータベース** が用意されています。APサーバーから問い合わせがあった場合は、データベースにあるデータを更新またはデータを検索し、その結果をAPサーバーへ返します（図1-3④）。

APサーバーは処理結果を反映させたWebページの情報をHTML形式で作成し、Webサーバーへ返します（図1-3⑤）。WebサーバーはAPサーバーから受け取ったWebページの情報をクライアントへ返してクライアントのブラウザに出力されます（図1-3⑥）。

この一連の流れが動的ページにおけるレスポンスとなります。

本書では、サーブレットとJSPを使ってこの動的なページの作成について、Webサーバーの機能も併せ持つAPサーバーの「Apache Tomcat（以下Tomcat）」とDBサーバーは「MySQL」を使用します。

1-2-4 ▶ サーブレットの役割

サーブレットとは、APサーバー上で動作するプログラムです。その役割はAPサーバーの項目で触れたとおり、動的なページを作成してWebサーバーに返すことです。

サーブレットを使ってHTML形式で出力結果を作成することもできますが、Javaで記述されているということもあり、処理が冗長になってしまうため、一般的には別の機能を使って出力結果を作成します。

16

1-2-5 JSPの役割

JSPもサーブレットと同様にAPサーバー上で動作するプログラムです。サーブレットと対照的に記述のベースがHTMLであるため、出力結果を作成する役割を担います。

COLUMN

TomcatとApache

　TomcatはサーブレットやJSPを動作させるために必要な「Webコンテナ」の1つで、単にTomcatと呼ばれること多いです。TomcatはAPサーバーですが、Webサーバーとしての機能も持ち合わせているため、このソフトウェア1つでJavaのWebシステムを構築できます。

　Webサーバーを独立させて動作させる場合はApache HTTP Server（以下、Apache）を使用します。このソフトウェアは単にApacheと呼ばれることが多いです。

　それぞれの違いを以下にまとめますので、本書を読み進める前に確認しておいてください。

- Apache HTTP ServerはApacheと呼ばれるWebサーバーソフトウェアである
- Apache TomcatはTomcatと呼ばれるAPサーバーソフトウェアである
- JavaのWebシステムはApacheとTomcatで動作させることができる
- TomcatはWebサーバーの機能を持ち合わせるため、Tomcat単体でJavaのWebシステムを動作させることができる

要点整理

- ✓ Webサービスを利用するコンピュータを「クライアント」と言う
- ✓ Webサービスを提供するコンピュータを「サーバー」と言う
- ✓ クライアントからの要求を「リクエスト」、サーバーからの応答を「レスポンス」と言う
- ✓ リクエストに対する処理はサーブレットが行う
- ✓ サーブレットが処理した結果をJSPを使ってクライアントにレスポンスを返す

CHAPTER 1　Webシステムの基本を理解しよう

問題1　次の役割を持つサーバーの名前を答えてください。

1. 大量のデータを効率良く管理し、検索や更新に対して素早く応答する機能を持ったサーバー
2. クライアントからのリクエストを受け取って、処理が行われたあと、その結果をレスポンスするサーバー
3. サーブレットやJSPなどを動作させてビジネスロジックを実行するサーバー

CHAPTER 2

開発環境を導入しよう

本章では、Javaのサーブレットや JSP を実行するために必要な実行環境をインストールしていきます。

2-1	開発環境に必要なものを理解しよう	P.20
2-2	Eclipse（Pleiades All in One）をインストールしよう	P.22
2-3	MySQLをインストールしよう	P.34

CHAPTER 2　開発環境を導入しよう

2-1 開発環境に必要なものを理解しよう

ここでは、JSPやサーブレットの実行環境を導入していきます。

2-1-1 ▷ 開発環境に必要なもの

サーブレットやJSPなどのJavaで記述されたプログラムを実行するには、以下に挙げたものが最低限必要になります。

・テキストエディタ
・Java API
・コンパイラ
・JVM

● テキストエディタ　　ex. サクラエディタ, Visual Studio Code etc..

テキストエディタは、プログラムを入力するために必要なツールです。Windowsには「メモ帳」というテキストエディタが標準でインストールされています。この「メモ帳」より高機能なテキストエディタは有償・無償は限らず、Webからダウンロードして利用できます。

● Java API　　クラスたち.

Java APIとは、Javaで使用できる命令群のことです。JavaプログラムはJava APIを利用することで、目的の機能を実現することができます。

● コンパイラとJVM　　コマンドプロンプト

コンパイラとは、人間にとって理解しやすい言語で書いたプログラムを、コンピュータが理解できる言語に翻訳するソフトウェアです。Javaプログラムをコンパイルすると「Javaバイトコード」と呼ばれるものに変換されます。

Javaバイトコードを実行するのがJVM（Java Vartual Machine）というソフトウェアです。その他、Webシステムを作成しようとすると、第1章でも触れたApacheやTomcatなども必要になってきます。

20

2-1-2 統合開発環境

　これらを1つ1つ用意するのは面倒ですが、すべてをまとめたものが「**統合開発環境**（注1）」として提供されています。本書では、Javaの統合開発環境の1つである「Eclipse（注2）（エクリプス）」を使用して、プログラミングを行っていきます（図2-1）。

　以降では、統合開発環境「Eclipse」と、データベースサーバーソフトウェアの「MySQL（注3）」のインストールと環境設定について解説します。どちらのソフトウェアもインターネット利用の環境があれば無料で入手できます。

● 図2-1　統合開発環境「Eclipse（エクリプス）」の画面

（注1）　英語では「Integrated Development Environment」となります。この略語であるIDEが一般的によく使われています。

（注2）　https://www.eclipse.org/

（注3）　https://www.mysql.com/jp/

CHAPTER 2　開発環境を導入しよう

2-2　Eclipse（Pleiades All in One）をインストールしよう

ここでは、Javaプログラムを書いたり、実行するために必要なEclipseをインストールします。本書では、Eclipseの日本語化が行われ、環境設定も不要なPleiades All in Oneというパッケージを使用します(注4)。

2-2-1　インストーラのダウンロード

まずインストールに必要なEclipseのインストーラをダウンロードしましょう。

① ダウンロードページへのアクセス

ブラウザを起動して、以下のURLを入力してダウンロードページにアクセスします。

http://mergedoc.osdn.jp/

② ダウンロードの実行

ダウンロードページ内に公開されている各バージョンへのリンクがありますので、この中の「Eclipse 4.7 Oxygen」(注5)を選択します❶（図2-2）。

● 図2-2　ダウンロードページでバージョンを選択

（注4）　実際にはPleiades All in Oneをインストールしていますが、以降ではEclipseという表記に統一しています。

（注5）　「Eclipse 4.7 Oxygen」は2018年3月現在の最新バージョンです。本書はこのバージョンでの学習を前提としています。

「Pleiades All in One Eclipseダウンロード」ページにおいて、ご自身が使用するコンピュータの「Java」の「Full Edition」をクリックすると❶、インストーラのダウンロードが開始します（図2-3）。図2-3ではWindows 10の64ビット版での例を示しています。

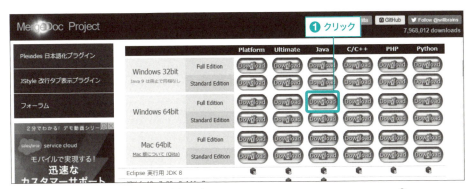

● 図2-3　「Java」の「Full Edition」をクリック

③ ダウンロードしたファイルの配置

ダウンロードしたインストーラ(注6)をCドライブの下に移動します(注7)（図2-4）。Cドライブの直下を避けた場合も、あまり深い階層にインストーラを置くと正常に展開できない場合がありますので注意してください。

※手書きメモ: DeskTopや別の場所にすると階層が深くなりすぎてうまく機能をしないことが

● 図2-4　Cドライブ直下へのファイル移動

これでインストーラのダウンロードが完了しました。

(注6)　特に指定しない場合、ファイルはダウンロードフォルダ（C:¥Users¥ユーザ名¥Downloads）に配置されます。

(注7)　Cドライブに移動する際、「対象のフォルダーへのアクセスが拒否されました」と表示された場合は、管理者権限を持ったユーザーでファイルの移動を行ってください。

2-2-2 　Eclipseの展開（インストール）

Eclipseの展開（インストール）を以下の手順で行います。

① ZIPファイルの選択

先ほどCドライブに移動したインストールファイル（pleiadesではじまるZIPファイル）を選択して右クリックし「すべて展開(T)」を選択します❶（図2-5）。

● 図2-5　「すべて展開」を選択する

② ファイルの展開

次に出てきた画面でファイル（注8）を展開する場所として「C:¥」を指定し、「展開」ボタンをクリックします❶（図2-6）。

● 図2-6　ファイルの展開

　（注8）　ZIPファイルは1Gバイト以上もある大きなファイルです。展開に時間がかかる場合があります。

③ ファイルの確認

展開が終了すると、Cドライブの直下にpleiadesフォルダができているのが確認できます（図2-7）。

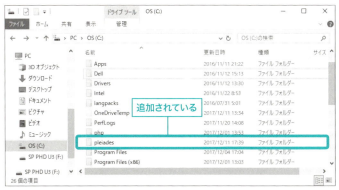

● 図2-7　展開されたフォルダ

◆◆◆

これでEclipseの展開（インストール）が完了しました。

2-2-3 ▶ Eclipseの構成

2-2-1で展開したpleiadesフォルダの中身を確認してみましょう（図2-8）。

● 図2-8　pleiadesフォルダの構成

eclipseフォルダは、Eclipse本体が入っているフォルダです。このフォルダの中にある**eclipse.exeを実行するとEclipseが起動**します。

javaフォルダは、Java APIやJavaの実行環境であるJRE（Java Runtime Environment）などが入っています。

tomcatフォルダは、サーブレットの実行環境であるApache Tomcatが入っています。.metadata.defaultフォルダ、workspaceフォルダは、本書では特に関係ないため解説を省略します。

なお、ZIPファイルの展開に失敗すると、一部のフォルダやファイルが存在しないことがあります。その場合はpleiadesフォルダを削除して、再度**2-2-2**の手順をやり直してください。

2-2-4 文字コードの設定

Eclipseを使用する前に、文字化け対策とフォントの設定を行う必要があります。また**Chapter 3**以降で使用するサンプルソースも用意しておきます。

まず文字コードの設定は、以下の手順で行います。

① eclipse.exeの実行

2-2-3で確認したC:¥pleiades¥eclipse¥eclipse.exeをダブルクリックします❶（図2-9）。

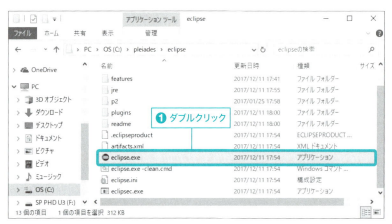

● 図2-9　eclipse.exeの実行

② ワークスペースの場所を指定

ワークスペース(注9)を指定するウィンドウが開きます。「../workspace」とありますが、そのまま「起動」ボタンをクリックします❶（図2-10）。

● 図2-10　ワークスペースの指定

（注9）　これから行う設定や作成するプログラムの保存場所のことです。

③ ワークスペースの再利用メッセージ

　古いバージョンのEclipseを使用している場合、ワークスペースを再利用できない旨のメッセージが出ますので「OK」ボタンをクリック❶[注10]してください（図2-11）。このメッセージが出ない場合は次の④に進んでください。

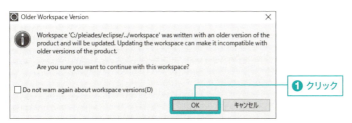

● 図2-11　ワークスペース再利用についてのメッセージ

④ ワークスペースの設定

　Eclipseが起動したら、画面上部のメニューにある「ウィンドウ」-「設定」を選択します❶（図2-12）。

● 図2-12　「ウィンドウ」-「設定」を選択

　「一般」の横にある「>」をクリックして展開し❶[注11]「ワークスペース」を選択します❷（図2-13）。

TIPS

（注10）　「Do not warn again about workspace versions」にチェックを入れてから「OK」ボタンをクリックすると、次回の起動からこのメッセージは出てこなくなります。

（注11）　ウィンドウの左側に設定項目が並んでいますが、項目の左に「>」がある場合は、それをクリックすると以下にある詳細項目を展開することができます。

CHAPTER 2　開発環境を導入しよう

● 図2-13　ワークスペースの設定画面

⑤ 文字コードの選択

画面下部にある「テキスト・ファイル・エンコード」にある「その他」が選択されていることを確認して「UTF-8」を選択し❶、「適用して閉じる」をクリックします❷（図2-14）。

● 図2-14　文字コードの指定

◆ ◆ ◆

ここまでで文字コードの設定が完了しました。

2-2-5 フォントの設定

次にフォントの設定を以下の手順で行います。

① フォント設定画面の選択

Eclipseを起動し、画面上部のメニューにある「ウィンドウ」-「設定」を選択します（図2-15）。

● 図2-15 「ウィンドウ」-「設定」を選択

② フォントの設定

「一般」の横にある「>」をクリックして展開し、「外観」の横にある「>」をクリックし展開して「色とフォント」を選択します❶。

「基本」の下にある「テキスト・フォント」を選択し❷、右上の「編集」ボタンをクリックします❸（図2-16）。

● 図2-16 「色とフォント」設定画面

29

フォント、サイズなどを指定します。サンプル欄に表示されたフォントを確認しながら自分の好みのフォントに変更します❶（図2-17）。変更が終了したら「OK」ボタンをクリックし❷、フォント画面を閉じます。

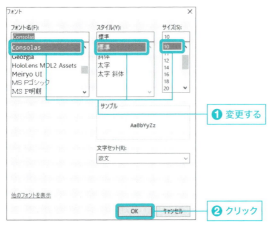

●図2-17　フォント画面

これでフォントの設定は完了です。

2-2-6　サンプルコードのインポート

次にChapter 3以降で使用するサンプルコードのインポートを行います。インポートを行う前に、本書サポートサイト（http://gihyo.jp/book/2018/978-4-7741-9684-8/support）からサンプルコードのZIPファイル（chapter_sample.zip）をダウンロードしておいてください。

サンプルコードのインポートは以下の手順で行います。

① インポート画面の選択

Eclipse画面上部のメニューにある「ファイル」－「インポート」を選択します❶（図2-18）。

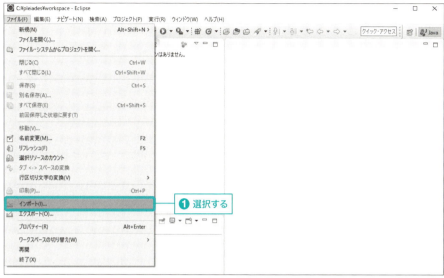

● 図2-18　インポートの選択

「一般」の横にある「>」をクリックして展開し、「既存プロジェクトをワークスペースへ」を選択し❶、「次へ」ボタンをクリックします❷（図2-19）。

● 図2-19　インポートの選択画面

② サンプルコードの選択

「アーカイブ・ファイルの選択」をチェックし❶、「参照」ボタンをクリックします❷。本書サポートサイトからダウンロードしたchapter_sample.zipを選択し❸、「完了」ボタンをクリックします❹（図2-20）。

● 図2-20　プロジェクトのインポート画面

③ 取り込みの確認

Eclipse画面の左上にある「プロジェクト・エクスプローラー」にChapter03～Chapter11のデータが表示されていることを確認します(注12)（図2-21）。

> **TIPS**　（注12）　一部アイコンにエラー（赤いバツマーク）が付いていますが、これはこのままで問題ありません。

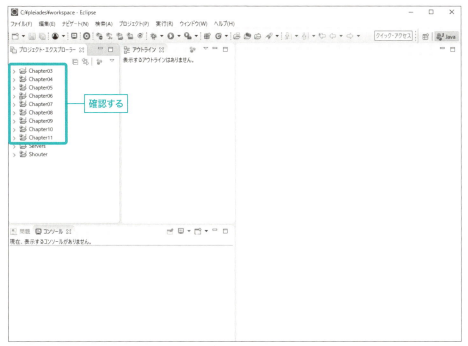

● 図2-21　プロジェクト・エクスプローラーにデータが表示される

ここまででサンプルコードのインポートが完了しました。

COLUMN

データと情報

　データ（Data）と情報（Information）は、同列に使われることが多い言葉ですが、両者には違いがあります。

　データとは、お店の名前や住所といった単なる項目に沿った事実のことです。その中で「受け手にとって価値のあるもの」が情報になります。ITのシステムとは、「データ」をシステムユーザーの目的に見合った「情報」にするものと言えます。

2-3 MySQLをインストールしよう

2-2でEclipseのインストールが完了しました。次に本書で使用するデータベースソフトウェアであるMySQLをインストールしていきます。

2-3-1 Visual C++再頒布可能パッケージのインストール

MySQLのインストールを行う前にVisual Studio 2013のVisual C++再頒布可能パッケージを導入する必要があります。

① Visual C++再頒布可能パッケージのダウンロード

以下のURLにアクセスします。

https://www.microsoft.com/ja-jp/download/details.aspx?id=40784

言語を「日本語」に設定し❶、ダウンロードをクリックします❷（図2-22）。

● 図2-22　Visual C++再頒布可能パッケージのダウンロードページ（その1）

次に64ビット版Windowsを使用している場合はvcredist_x64.exe❶、32ビット版Windowsを使用している場合はvcredist_x86.exeにチェックを入れ、「次へ」をクリックします❷（図2-23）。

● 図2-23 Visual C++再頒布可能パッケージのダウンロードページ（その2）

② Visual C++再頒布可能パッケージのインストール

　ダウンロードしたvcredist_x64.exeもしくはvcredist_x86.exeをダブルクリックすると、インストール画面が表示されます（図2-24）。「ライセンス条項および使用条件に同意する」にチェックを入れ❶、「インストール」をクリックします❷。

　インストールが始まり、「セットアップ完了」と表示されたら「閉じる」をクリックします。

● 図2-24 Visual C++再頒布可能パッケージのインストール

2-3-2 ▶ インストーラのダウンロード

　まずインストールに必要なインストーラをダウンロードします。

① ダウンロードページへのアクセス

　ブラウザを起動して、以下のURLを入力してダウンロードページにアクセスします。

https://www.mysql.com/jp/

　ページ上部にある「ダウンロード」タブをクリックします❶（図2-25）。なお、「ダウ

ンロード」タブが表示されていないときは全画面表示にするなど、ブラウザのウィンドウを広げてください。

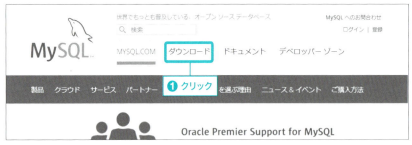

● 図2-25　MySQLトップページ

② **ダウンロードの実行**

先ほどクリックした「ダウンロード」タブの右下にある「Windows」タブをクリックします❶（図2-26）。

● 図2-26　「Windows」タブの選択

「MySQL on Windows」画面にある「MySQL Installer」をクリックします❶（図2-27）。

● 図2-27　「MySQL Installer」の選択

「Download MySQL Installer」画面下部にある「Windows (x86, 32-bit), MSI Installer」の右の「Download」ボタンをクリックします❶（図2-28）。

同じ表記が2つありますが、上はネットワークを経由してインストールを行うタイプ、下はすべてを含んだインストーラです。本書では下のすべてを含んだインストーラを前提として解説を進めます。

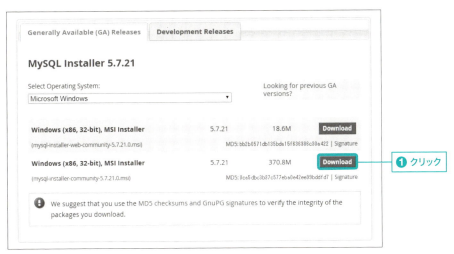

● 図2-28　インストーラの選択

「Begin Your Download」画面では、Oracle Web accountによるログインやサインアップを促されますが特に必要ありません。その下にある「No thanks, just start my download.」をクリックすると❶、ダウンロードが開始します（図2-29）。

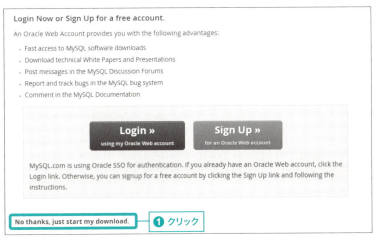

● 図2-29　ダウンロードの開始

2-3-3 MySQLのインストール

先ほどダウンロードしたインストーラでインストールを実行します。

① インストーラの起動

ダウンロードしたmysql-installer-community-5.7.xx.x.msi[注13]をダブルクリックします❶（図2-30）。

● 図2-30　インストーラの実行

「License Agreement」画面はインストールの許諾を確認する画面です（図2-31）。「I accept the license terms」にチェックを入れ❶、「Next >」をクリックします❷[注14]。

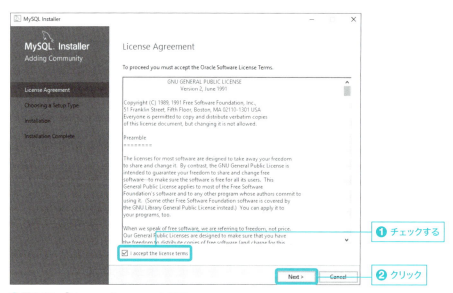

● 図2-31　「License Agreement」画面

② インストールタイプの選択

「Choosing a Setup Type」画面でインストールタイプを選択します。ここでは「Custom」を選択し❶、「Next >」をクリックします❷（図2-32）。

 TIPS
(注13) 本書はMySQL 5.7で解説していますが、ファイル名はダウンロード中のバージョンに合わせて読み替えてください。
(注14) アプリがデバイスに変更を加えることを許可するかどうか聞かれた場合は、「はい」をクリックしてください。

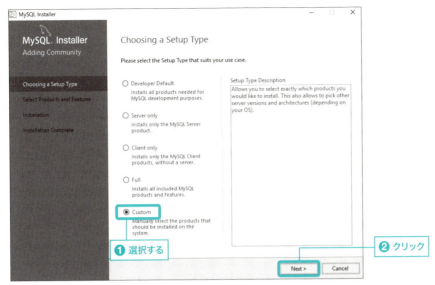

● 図2-32 「Choosing a Setup Type」画面

③ インストール製品の選択

「Select Products and Features」画面でインストール製品を選択します。ここでは「MySQL Servers」の下にある「MySQL Servers 5.7.21 - X64」（注15）と、「MySQL Connectors」-「Connecter/J」-「Connecter/J 5.1」の下にある「Connecter/J 5.1.45 – X86」を選択し、「→」をクリックして右側の欄に移動させて❶、「Next >」をクリックします❷（図2-33）。

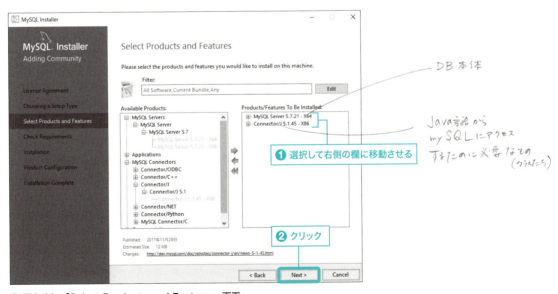

● 図2-33 「Select Products and Features」画面

（注15）項目の横にある「田」をクリックすることで詳細が展開され、下にある項目が表示されます。

④ インストールの確認

「Installation」画面でインストール内容の最終確認を行います。手順③で選択した製品が表示されていることを確認し❶、「Execute」をクリックすると❷、インストールが開始します（図2-34）。

● 図2-34　「Installation」画面

⑤ インストールの終了

製品名の左側に緑色のチェックが表示されたらMySQLのインストールは完了です。「Next >」をクリックすると「Product Configuration」画面が出てきます（図2-35）。そのまま「Next >」をクリックして❶、引き続きMySQL Serverの設定を行います。

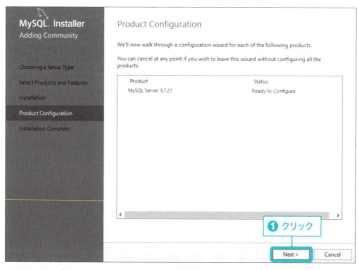

● 図2-35　「Product Configuration」画面

⑥ サーバータイプとネットワークの設定

「Type and Networking」画面では、サーバータイプとネットワークの設定を行います。「Standalone MySQL Server/Classic MySQL Replication」を選択し❶、「Next >」をクリックします❷（図2-36）。

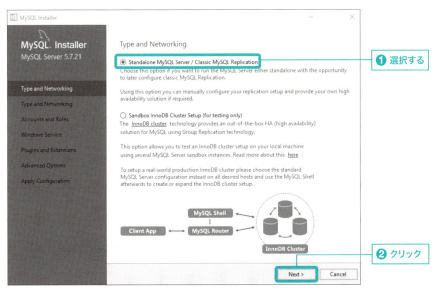

● 図2-36　「Type and Networking」画面（その1）

次の画面では、ポート番号などを設定します。あらかじめポート番号「3306」が設定されていますが、この番号をほかのサービスで使用していなければ、そのまま「Next >」をクリックします❶（図2-37）。

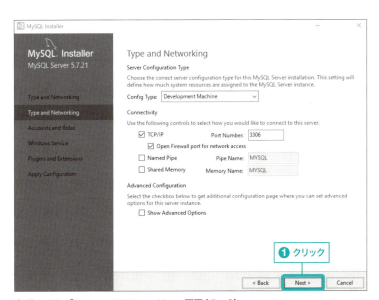

● 図2-37　「Type and Networking」画面（その2）

⑦ 管理者パスワードの設定

「Accounts and Roles」画面では、管理者のパスワードを設定します。「MySQL Root Password」と「Repeat Password」の2ヵ所にパスワードを入力し❶、「Next >」をクリックします❷（図2-38）。本書では例として「root」と入力しています。

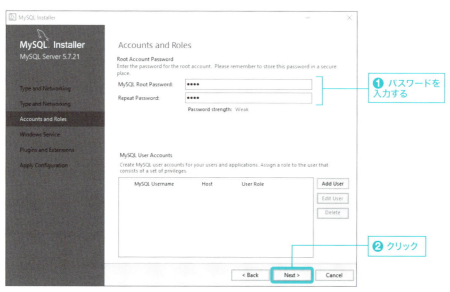

● 図2-38 「Accounts and Roles」画面

⑧ Windowsサービスの設定

「Windows Service」画面では、Windowsのサービスとして登録する設定を行います。今回はそのまま「Next >」をクリックします❶（図2-36）。

● 図2-39 「Windows Service」画面

⑨ 機能拡張の設定

「Plugins and Extensions」画面では、追加・拡張する機能を指定します。今回はそのまま「Next >」をクリックします❶（図2-40）。

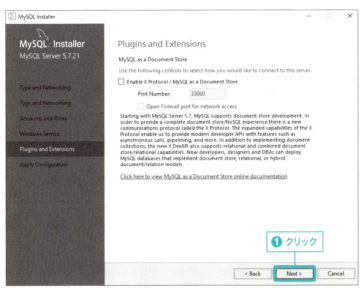

● 図2-40 「Plugins and Extensions」画面

⑩ 設定の最終確認

「Apply Confguration」画面でこれまでの設定の最終確認を行い、「Execute」をクリックします❶（図2-41）。

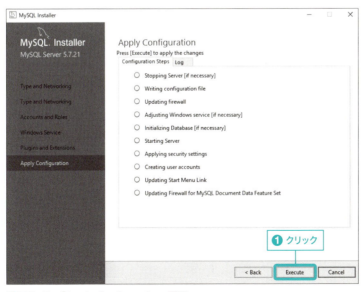

● 図2-41 「Apply Confguration」画面

すべての項目に緑色のチェックが付いたら「Finish」ボタンをクリックして完了します。

2-3-4 ▶ MySQLの設定

2-3-3でMySQLをインストールしました。次にMySQLの設定を行っていきましょう。

① パスのコピー

MySQLのパスをコピーするため、以下のフォルダに移動します。

`C:¥Program Files¥MySQL¥MySQL Server 5.7¥bin`

フォルダ上部のパス欄をクリックし、パスをコピーします❶（図2-42）。

● 図2-42　パスのコピー

② 環境変数の設定

Windowsのコントロールパネルを開いて(注16)、「システムとセキュリティ」を選択します❶（図2-43）。

● 図2-43　「システムとセキュリティ」を選択

 TIPS　（注16）コントロールパネルは、[スタート]-[Windows システム ツール]-[コントロールパネル]を選択するか、画面下の「ここに入力して検索」で「control」と入力すると開きます。

「システム」を選択します❶（図2-44）。

● 図2-44 「システム」を選択

画面左の欄にある「システムの詳細設定」を選択します❶（図2-45）。

● 図2-45 「システムの詳細設定」を選択

「システムのプロパティ」ウィンドウの「詳細設定」タブを選択し❶、その下部にある「環境変数」ボタンをクリックします❷（図2-46）。

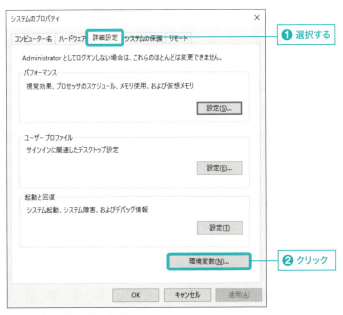

● 図2-46 「環境変数」を選択

CHAPTER 2　開発環境を導入しよう

「環境変数」画面の下部「システム環境変数」の中にある「Path」を選択し❶、「編集」ボタンをクリックします❷（図2-47）。

● 図2-47　「Path」を選択

「環境変数名の編集」画面の右にある「新規（N）」ボタンをクリックします❶（図2-48）。

● 図2-48　「Path」を選択

　文字の入力欄が表示されますので。手順①でコピーしたMySQLのパスを貼り付けたあと❶、「OK」ボタンをクリックし❷、すべてのウィンドウを閉じます（図2-49）。

● 図2-49 「Path」を選択

2-3-5 MySQLの動作確認

2-3-4まででMySQLのインストールと設定が完了しました。正しくインストール・設定が行われているか、動作確認をしてみましょう。

コマンドプロンプトを起動し、以下のコマンドを入力して❶、 Enter を押します（図2-50）。

mysql -u root -p

● 図2-50 コマンドプロンプトの起動

「Enter password」と表示されますので、2-3-3の手順⑦で入力したパスワード（本書の場合は「root」）を入力します（図2-51）。

CHAPTER 2　開発環境を導入しよう

```
C:\WINDOWS\system32\cmd.exe - mysql -u root -p

c:\>mysql -u root -p
Enter password: ****
Welcome to the MySQL monitor.  Commands end with ; or \g.
Your MySQL connection id is 10
Server version: 5.7.17-log MySQL Community Server (GPL)

Copyright (c) 2000, 2016, Oracle and/or its affiliates. All rights reserved.

Oracle is a registered trademark of Oracle Corporation and/or its
affiliates. Other names may be trademarks of their respective
owners.

Type 'help;' or '\h' for help. Type '\c' to clear the current input statement.

mysql>
```

● 図2-51　パスワードの入力

「mysql>」と表示されたらMySQLは正常に起動しています。「quit」を入力して、MySQLを終了します。

[手書きメモ: exit(入力) で 正常終了 になる。]

要点整理

- ✔ EclipseはJavaのシステム開発に必要な環境をひとまとめにした統合開発環境である
- ✔ MySQLはデータベースサーバーソフトウェアである
- ✔ EclipseもMySQLもインターネット上で配布されているオープンソースのソフトウェアである

CHAPTER 3

Javaの基本を理解しよう

本章では、サーブレットやJSPを学習する前に押さえておくべきJavaの基本文法などについて解説します。

本章のサンプルプログラム

本章で扱うサンプルは右の場所にあります。
パッケージ・エクスプローラーにあるアイコンの「>」をクリックすると詳細を展開できます。ファイル名をダブルクリックすると、画面中央のエディタにプログラムが表示されます。

3-1	Javaの基本文法を理解しよう	P.50
3-2	オブジェクトを生成して利用してみよう	P.56
3-3	複数のデータをまとめて扱ってみよう	P.61
3-4	例外処理を行ってみよう	P.67

CHAPTER 3　Javaの基本を理解しよう

3-1　Javaの基本文法を理解しよう

サーブレットやJSPを学ぶ前に、本章ではJavaの基本文法について理解を深めていきましょう。以降では実際にJavaのコードを用いて、学習を進めていきます。

3-1-1　変数の宣言と条件分岐

本章ではサーブレットやJSPの知識を学ぶ前に、Javaの基本文法を簡単に復習します。まずは変数の扱いについて解説します。

● サンプルプログラム

変数とは、プログラム実行中のデータを記憶しておくものです。リスト3-1で変数の記述方法を確認してみましょう(注1)。

▼ リスト3-1　サンプルプログラム (SampleVariable.java)

```
03: public class SampleVariable {
04:     public static void main(String[] args) {
05:         int data1;        // 整数型変数の宣言
06:         double data2;     // 実数型変数の宣言
07:
08:         // 値の代入
09:         data1 = 100;
10:         data2 = 3.1;
11:
12:         // 条件分岐
13:         // data1の値が0以上ならtrueと判断
14:         if(data1 >= 0){
15:             System.out.println(data2);
16:         }else{
17:             System.out.println("Negative value");
18:         }
19:     }
20: }
```

TIPS　（注1）　リスト3-1は3行目から開始していますが、これは本書の解説に必要のない部分を掲載していないためです。

● 実行方法

SampleVariable.javaは「Chapter03」の下の「src」の下にある「section3_1」の下にあります。

サンプルプログラムを実行するには、プロジェクト・エクスプローラー内で実行したいサンプルプログラム上で右クリックし、「実行」→「Javaアプリケーション」を選択します(注2)（図3-1）❶。しばらくすると、Eclipse画面の左下にある「コンソール」エリアに実行結果が表示されます。

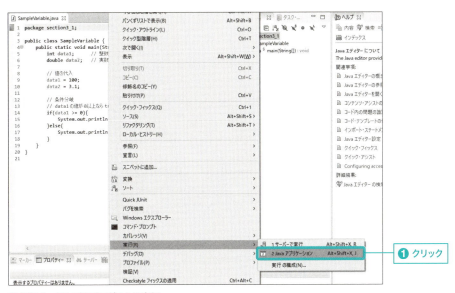

● 図3-1　サンプルプログラムの実行

以降のサンプルプログラムも同様の方法で実行することが可能です。なお、プログラムは、mainメソッドの定義されたクラスからのみ実行可能ですので、注意してください。

● 実行結果

リスト3-1を実行すると、図3-2のように実行結果が表示されます。

● 図3-2　リスト3-1の実行結果

 TIPS　（注2）　右クリックしても「実行」メニューが表示されない場合は、画面の下にある「▼」をクリックすると表示されます。

CHAPTER 3　Javaの基本を理解しよう

● **変数の宣言**

変数を宣言する際の書式は以下のとおりです。

データ型　変数名；

または

データ型　変数名　=　値；

1つ目の書式のように、まず変数を宣言したあと、その変数に値を代入して利用します（**リスト**3-2）。「=」は**代入演算子**と呼ばれ、右の「値」または「式の結果」を左の変数に代入します。

▼ **リスト3-2　変数宣言と値の代入の例**

```
05:  int data1;
     (略)
09:  data1 = 100;
```

また2つ目の書式のように、変数の宣言と同時に値を代入することも可能です（**リスト**3-3）。これを「初期化」と言います。

▼ **リスト3-3　変数の初期化の例**

```
int data1 = 100;
```

先ほどの例では、データ型として「int」が出てきました。データ型の中でも基礎的な値を扱う「基本データ型」と言います。主な基本データ型を**表**3-1に挙げています。

● **表3-1　主なJavaの基本データ型**

型名	扱う値
boolean	trueもしくはfalse
char	1文字
int	整数
double	実数

● **条件分岐**

条件分岐とは、ある条件が満たされているかどうかを判断し、それによって次に実行する処理を分岐させる命令です。条件分岐でのもっとも基本的な書式は以下のとおりです。

```
if(条件式) {
    条件式がtrueのときの処理
}
```

条件分岐では、条件式を満たす場合を「true」、満たさない場合を「false」と判断します。trueの場合に{ }で囲まれた範囲にある処理を行います。

また以下のような条件分岐のほかの書式もあります。

```
if ( 条件式1 ) {
    条件1がtrueのときの処理
} else if ( 条件式2 ) {
    条件式1がfalseで、条件式2がtrueのときの処理
} else {
    すべての条件式がfalseのときの処理
}
```

この条件分岐はリスト3-1に出てきますので、該当個所を確認してみましょう（**リスト3-4**）。

▼ **リスト3-4　リスト3-1の条件分岐**

```
14: if(data1 >= 0){
15:     System.out.println(data2);
16: }else{
17:     System.out.println("Negative value");
18: }
```

リスト3-1の10行目で変数data1に「100」が代入されているため、16行目のif条件式は「true」と判断されます。よって17行目の処理が行われ変数data2の値が出力されます。もし、変数data1に負の整数を代入されているとif条件式は「false」と判断され、19行目の処理が行われ「Negative value」と出力されます。

3-1-2 ▷ 配列の制御構造

次に配列の制御構造について確認していきましょう。

● サンプルプログラム

配列とは、同じデータ型のデータを複数まとめて管理するものです。**リスト3-5**で記述方法を確認してみましょう。

▼ **リスト3-5　サンプルプログラム (SampleArray.java)**

```
03: public class SampleArray {
04:     public static void main(String[] args) {
05:         int[] data1 = new int[2];           // 要素数2の整数型配列
06:         double[] data2 = new double[3];     // 要素数3の実数型配列
07:
08:         // 添字を指定して値を代入                              続く➡
```

```
09:          data1[0] = 12;
10:          data1[1] = 34;
11:
12:          data2[0] = 1.2;
13:          data2[1] = 3.4;
14:          data2[2] = 5.6;
15:
16:          // 繰り返し文を用いて、配列のすべての要素にアクセス
17:          for(int i = 0; i < data1.length; i++){
18:              System.out.println(data1[i]);
19:          }
20:
21:          // 拡張for文を用いて、配列のすべての要素にアクセス
22:          for(double d : data2){
23:              System.out.println(d);
24:          }
25:      }
26: }
```

● 実行結果

SampleArray.javaは「Chapter03」の下にある「section3_1」の下にあります。**3-1-1**に沿ってSampleArray.javaを実行すると、図3-3のように実行結果が表示されます。

● 図3-3 リスト3-5の実行結果

● 配列宣言の書式

配列を宣言する場合の書式は以下のとおりです。

データ型[ ] 変数名 = new データ型[要素数];

「**要素数**」とは、配列として扱うデータの最大数のことです。この要素(データ)には0から始まる管理番号が割り振られます。これを「**添字**」と言い、添字の最大値は要素数-1になります(図3-4)。

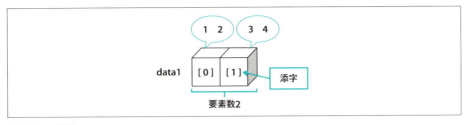

● 図3-4　配列

リスト3-6はリスト3-5における配列ですが、変数data1の要素数は2、添字の最大数は1、変数data2の要素数は3、添字の最大数は2ということがわかります。

▼ リスト3-6　リスト3-5の配列

```
09: data1[0] = 12;
10: data1[1] = 34;
11:
12: data2[0] = 1.2;
13: data2[1] = 3.4;
14: data2[2] = 5.6;
```

配列のすべての要素にアクセスする場合は繰り返し文を使用します。J2SE 5.0から「拡張for文」が利用可能になっており、簡易にかつ安全に記述できるようになりました。
拡張for文の書式は以下のとおりです。

```
for( データ型 変数名 : 配列名 ) {
    繰り返す処理
}
```

拡張for文が実行されると、配列の先頭要素が「データ型 変数名」で定義した変数に代入され、繰り返しの処理が行われます。その後、次の要素が変数に代入され、繰り返しの処理、次の要素が……と、要素の数だけ繰り返されます（リスト3-7）。

▼ リスト3-7　リスト3-5の拡張for文

```
17: for(int i = 0; i < data1.length; i++){
18:     System.out.println(data1[i]);
19: }
    (略)
22: for(double d : data2){
23:     System.out.println(d);
24: }
```

for文と比較すると、繰り返しの条件や添字の指定といった記述が無くなるため、**配列の先頭からすべての要素に対して処理を行うときは、拡張for文を使用する**と良いでしょう。

CHAPTER 3　Javaの基本を理解しよう

3-2 オブジェクトを生成して利用してみよう

ここでは、オブジェクトを生成したあとにそれを利用する方法をサンプルプログラムを実行して確認しましょう。

3-2-1 ▷ オブジェクトの生成

まずオブジェクトの生成について解説します。

● サンプルプログラム

変数には基本データ型と参照型があります。**参照型の変数には、オブジェクトへの参照を代入**します。リスト3-8で変数の記述方法を確認してみましょう。

▼ リスト3-8　サンプルプログラム (SampleString.java)

```
03: public class SampleString {
04:     public static void main(String[] args) {
05:             // 文字列型変数の宣言
06:             String data1;
07:             String data2;
08:             // 要素数 3の文字列型配列の宣言
09:             String[] data3 = new String[3];
10:
11:             // String オブジェクトの生成
12:             data1 = new String("Hello ");
13:             data2 = "World";
14:
15:             data3[0] = new String("株式会社");
16:             data3[1] = new String("技術");
17:             data3[2] = "評論社";
18:
19:             System.out.println(data1 + data2);
20:
21:             // 配列のすべての要素にアクセス
22:             for(String d : data3){
23:                 System.out.println(d);
24:             }
25:     }
26: }
```

56

● **実行結果**

SampleString.javaは「Chapter03」の下にある「section3_2」の下にあります。3-1-1に沿ってSampleString.javaを実行すると、図3-5のように実行結果が表示されます。

● 図3-5　リスト3-8の実行結果

● **オブジェクト生成の書式**

Javaはオブジェクト指向という考え方に基づいている言語です。このオブジェクトはクラスから生成します。

オブジェクトを生成する書式は以下のとおりです。

> クラス名　変数名　=　new　クラス名(引数, 引数, ……);

リスト3-8では、文字列を扱うStringクラスのオブジェクトを生成しています。Stringクラスは例外的にnew Stringの記述を省略できますが、これは特別な記述だと言うことを理解しておいてください。

変数は生成されたオブジェクトを参照し、オブジェクトが持つ変数やメソッドを利用することができます。またString型の変数を含む値を「+」でつないだ場合は、単に文字列同士の結合になります。それ以外の扱い方は基本データ型（表3-1参照）と変わりません。

配列の宣言で使用するnewは、**要素数を指定して配列を生成する**ためのキーワードです。配列に文字列を代入する場合は、newキーワードを用いて**Stringオブジェクトを生成**します。同じnewキーワードですが、役割が異なりますので注意してください。

3-2-2　オブジェクトの利用

3-1-1ではオブジェクトを生成しましたが、ここでは生成したオブジェクトの利用について確認していきましょう。

● **サンプルプログラム**

オブジェクトが持つ変数やメソッドの利用法について、リスト3-9とリスト3-10で確認しましょう。

CHAPTER 3　Javaの基本を理解しよう

▼リスト3-9　サンプルプログラム1（Data.java）

```
03: public class Data {
04:     // メンバ変数（フィールド）
05:     private int data1;
06:     private String data2;
07:
08:     // コンストラクタ
09:     public Data(int data1, String data2) {
10:         this.data1 = data1;
11:         this.data2 = data2;
12:     }
13:
14:     // メソッド
15:     public void printData(){
16:         if(data1 >= 0){
17:             System.out.println(data2);
18:         }else{
19:             System.out.println("Negative value");
20:         }
21:     }
22: }
```

▼リスト3-10　サンプルプログラム2（SampleUseData.java）

```
03: public class SampleUseData {
04:     public static void main(String[] args) {
05:         // Data 型の変数宣言とインスタンス化
06:         Data obj1 = new Data(12, "Hello");
07:         Data obj2 = new Data(-34, "World");
08:
09:         // オブジェクトの持つメソッドを呼び出し
10:         obj1.printData();
11:         obj2.printData();
12:     }
13: }
```

● 実行結果

Data.java、SampleUseData.javaは「Chapter03」の下にある「section3_2」の下にあります。3-1-1の実行方法に沿ってSampleUseData.javaを実行すると、図3-6のように実行結果が表示されます。

● 図3-6　リスト3-10の実行結果

● クラスの基本構成

Data.javaではクラスを定義しています。このプログラムの内容からクラスの基本構成を確認していきましょう。

クラス内に定義できるのは以下のとおりです。

- ・メンバ変数（フィールド）
- ・コンストラクタ
- ・メソッド

コンストラクタはオブジェクトが生成される際に呼び出されるものです。メソッドと似たような構成ですが、戻り値はありません。コンストラクタを定義しない場合は、引数がなしで具体的な処理なしの**デフォルトコンストラクタ**が暗黙的に定義されます。

メンバ変数やメソッドも含め、クラス内に定義できるものにはアクセス修飾子を付けることができます。アクセス修飾子にはprivate、protected、publicなどの種類があります。中でもprivate修飾子は、外部からのアクセスを禁止するためのものです。そのため、クラス内でしか使用しないものに対して付けます。

リスト3-10では、以下の個所でオブジェクトの生成を行っています（**リスト3-11**）。

▼ **リスト3-11　リスト3-10におけるオブジェクトの生成個所**

```
06: Data obj1 = new Data(12, "Hello");
07: Data obj2 = new Data(-34, "World");
```

これを図に表したのが**図3-7**です。この図では宣言とイメージを結びつけて確認していることがわかります。右辺の処理の実行とともに、メモリ上にDataオブジェクトが生成され、Dataクラスで定義されたメンバ変数やメソッドが用意されています。

同時にコンストラクタが呼び出され、メンバ変数に値が代入されます。左辺にある変数が出来上がったオブジェクトを参照します。ここまでがオブジェクトの生成の記述で行われています。

またobj1は、参照しているDataオブジェクトの中でもprivate修飾子の付いている2つのメンバ変数にはアクセスできず、public修飾子の付いているprintDataメソッドにアクセスすることができます。

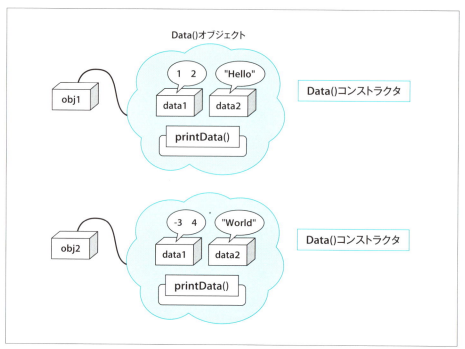

● 図3-7 Dataオブジェクトのイメージ

COLUMN

文字列の比較

　文字列を比較する場合は基本データ型と異なり、==の演算子は使用せず、equalsメソッドを利用します。文字列を比較した例は**リスト3-A**のとおりです。

▼リスト3-A　文字列の比較例

```
String str = new String("Hello");
if(str.equals("Hello")) {
    System.out.println("文字列が一致");
}
```

また**リスト3-B**のように比較対象を逆にすることもできます。

▼リスト3-B　比較対象を逆にした例

```
if("Hello".equals(str)) {
    System.out.println("文字列が一致");
}
```

3-3 複数のデータをまとめて扱ってみよう

ここでは、複数のオブジェクトをまとめて管理するコレクションについて、サンプルプログラムを実行して確認しましょう。

3-3-1 ▷ JavaBeans

"部品化" … 再利用できるようコンポーネント化したもの

JavaBeansとは「**再利用可能なクラスを定義するために規定された技術仕様**」です。以下に挙げた要件に従って、クラスを定義します。

① ・ public修飾子の付いた、引数無しのコンストラクタを定義する

② ・ private修飾子の付いたメンバ変数に対応した、publicな**アクセサ**を命名規則に従って定義する

Setter, Getter

③ ・ シリアライズを可能にする *public + クラス名 + implements + Serializable { }*

JavaBeansは、例えば「あるサービスの会員情報」といった複数のデータから構成される1件1件の情報を管理する際に使用します。

アクセサとシリアライズについては後述します。

● サンプルプログラム

先ほど挙げた要件とはいったいどういうものなのか、実際のプログラムで確認していきましょう（リスト3-12、リスト3-13）。

本来はimport文必要（Eclipseは自動挿入される）
import java.io.Serializable;

▼ リスト3-12　サンプルプログラム（User.java）

③ Serializable を implements することで Java Beans（再利用可能に／部品化）する。

```
05:  // JavaBeans の要件に沿って定義したクラス
06:  public class User implements Serializable{
07:      // フィールドは private 修飾子を付ける（JavaBeansの仕様）
08:      private String loginId;
09:      private String password;
10:      private String userName;
11:
12:      // 引数なしのコンストラクタの定義（JavaBeansの仕様）
13:      public User() {
14:
15:      }
16:
17:      // 引数ありのコンストラクタの定義
18:      public User(String loginId, String password, String userName) {  続く➡
```

② メンバ変数には private 修飾子をつける

① 仕様上必要な記述 例え処理がなくても付けておく必要あり。

61

CHAPTER 3　Javaの基本を理解しよう

メンバ変数には private / アクセサのメソッドには public ）を付すこと！

```
19:            this.loginId = loginId;
20:            this.password = password;
21:            this.userName = userName;
22:        }
23:
24:        // アクセサの定義 (JavaBeansの仕様)
25:        public String getLoginId() {
26:            return loginId;
27:        }
28:
29:        public void setLoginId(String loginId) {
30:            this.loginId = loginId;
31:        }
32:
33:        public String getPassword() {
34:            return password;
35:        }
36:
37:        public void setPassword(String password) {
38:            this.password = password;
39:        }
40:
41:        public String getUserName() {
42:            return userName;
43:        }
44:
45:        public void setUserName(String userName) {
46:            this.userName = userName;
47:        }
48:
49:        // IDとパスワードを比較し、ユーザ名を表示するメソッドの定義
50:        public void authentication(String id, String pass){
51:            if(loginId.equals(id) && password.equals(pass)){
52:                System.out.println("Welcome " + userName);
53:            }else{
54:                System.out.println("Authentication failure ...");
55:            }
56:        }
57: }
```

— Setter / Getter のこと SetId( ) / getId( )

引数で受取った値をメンバ変数に代入

ログインIDと引数xの PASS 値が 等しいか？

▼ リスト3-13　サンプルプログラム (SampleUseUser.java)

```
03: public class SampleUseUser {
04:     public static void main(String[] args) {
05:         // 自作クラス User 型の変数宣言とインスタンス化
06:         User user1 = new User("yamada", "pass1", "山田　太郎");
07:         User user2 = new User();
08:
09:         // setter を呼び出し値を代入
```

続く➡

62

```
10:            user2.setLoginId("suzuki");
11:            user2.setPassword("pass2");
12:            user2.setUserName("鈴木　花子");
13:
14:            // ユーザ名表示メソッドの呼び出し
15:            user1.authentication("yamada", "pass1");
16:            user2.authentication("suzuki", "pass1");  → エラー Authentication Failure…
17:        }
18: }
```

● 実行結果

User.java、SampleUseUser.javaは「Chapter03」の下にある「section3_3」の下にあります。**3-1-1**に沿ってSampleUseUser.javaを実行すると、図3-8のように実行結果が表示されます。

● 図3-8　リスト3-13の実行結果

● クラス定義の書式

リスト3-12のUserクラスがJavaBeansの仕様に沿ったクラスになります。クラスを定義する場合の書式は以下のとおりです。

```
public クラス名 implements Serializable {

}
```

通常、プログラムの実行中に変数に代入された値は、終了とともに解放されてしまいます。そこで、プログラム実行中の値を保存したい場合は**シリアライズ**という技術を使用します。クラス定義の後ろに「implements Serializable」を付けるだけで、そのクラスはシリアライズ可能になります。

シリアライズ可能なクラスは、プログラム実行中のオブジェクトが持つデータを保存・読込みできるようになります[注3]。

TIPS　（注3）　システム上、不要な場合は省略することもあります。

CHAPTER 3 Javaの基本を理解しよう

クラスの定義内を見てみると、以下の個所で何も処理を実装していない引数無しのコンストラクタが定義されています（**リスト3-14**）。

▼ リスト3-14　引数無しのコンストラクタ

```
13: public User() {
```

さらに以下の個所で引数ありのコンストラクタを定義しています（**リスト3-15**）。そのため、デフォルトコンストラクタは用意されません。

▼ リスト3-15　引数ありのコンストラクタ

```
18: public User(String loginId, String password, String userName) {
19:     this.loginId = loginId;
20:     this.password = password;
21:     this.userName = userName;
22: }
```

JavaBeansの仕様に沿うのであれば、例え具体的な処理が無い場合も引数無しのコンストラクタを定義しておく必要があるということを理解しておいてください。

次にアクセサについて見ていきましょう。

アクセサとは、**private修飾子が付いたメンバ変数を参照または更新できるメソッド**のことです。**メンバ変数の値を返すgetterメソッドと引数に受け取った値でメンバ変数を更新するsetterメソッド**で構成されています。

getterメソッドを定義する場合の書式は以下のとおりです。

```
public データ型 get変数名(){

}
```

setterメソッドを定義する場合の書式は以下のとおりです。

```
public void set変数名(引数){

}
```

getterメソッド、setterメソッドともに**変数名の先頭を大文字にする**という命名規則があります。

リスト3-12から変数passwordを例にとってgetterメソッドとsetterメソッドを抽出した場合は、**リスト3-16**のように記述できます。

▼ リスト3-16　getterメソッドとsetterメソッドを抽出した例

```
private String password;

// passwordのgetter メソッド
public String getPassword() {
    return password;
}

// passwordのsetterメソッド
public void setPassword(String password) {
    this.password = password;
}
```

　これらのアクセサはメンバ変数の数だけ用意します。<u>直接メンバ変数にアクセスすることを防いでメソッド経由にするメリット</u>として、「引数の状態をチェックして代入する値を変える」といった、条件に応じた処理を実装できることが挙げられます。

（手書きメモ）カプセル化　と　データ隠蔽（保護）

（手書きメモ）Java Beans　ここまで

3-3-2　▶ ArrayListの使い方

　配列を使用する際は宣言時に要素数を決めなければならず、処理中に要素数を増減することはできません。このように**プログラムを実行するまで管理するデータの件数が分からない場合はコレクションを使用**します。

● サンプルプログラム

　ここではコレクションの1つであるArrayListを使って、リスト3-12で定義したUserクラスのオブジェクトを管理するプログラムを確認しましょう（**リスト3-17**）。

（手書きメモ）Eclipse 自動入力

（手書きメモ）import java.util.ArrayList ;

（手書きメモ）〈 〉内　ジェネリクス　型変数X

▼ リスト3-17　サンプルプログラム（SampleListUser.java）

```
05: public class SampleListUser {
06:     public static void main(String[] args) {
07:         // コレクション（リスト）型の変数宣言とインスタンス化
08:         ArrayList<User> list = new ArrayList<>();
09:
10:         // User クラス型の変数宣言
11:         User user;
12:         // User クラスのインスタンス化
13:         user = new User("yamada", "pass1", "山田　太郎");
14:
15:         // リストに追加
16:         list.add(user);
17:
18:         user = new User("suzuki", "pass2", "鈴木　花子");
19:         list.add(user);
20:
```

（手書きメモ）Userクラス／オブジェクト

（手書きメモ）引数ありのコンストラクタ使用

（手書きメモ）生成／追加

（手書きメモ）オブジェクト

続く➡

```
21:        user = new User("itou", "pass3", "伊藤　恵");
22:        list.add(user);
23:
24:        // リストのすべての要素にアクセス
25:        for(User u : list){      ← 拡張For文
26:            System.out.println(u.getUserName());
27:        }
28:    }
29: }
```

● 実行結果

SampleListUser.javaは「Chapter03」の下にある「section3_3」の下にあります。3-1-1 に沿ってSampleUseUser.javaを実行すると、図3-9のように実行結果が表示されます。

● 図3-9　リスト3-17の実行結果

● ArrayListの宣言の書式

ArrayListで特徴的と言えるのは、その宣言方法です。ArrayListで宣言を行う場合の書式は以下のとおりです。

```
ArrayList<型> 変数名 = new ArrayList<>();
```

「型」の部分には、コレクションとして管理する参照型の型名(クラス名)を指定します。

オブジェクトを追加する場合はaddメソッドを使用しますが、指定した「型」以外のオブジェクトを追加した場合はコンパイルエラーが発生します。

また、コレクションに追加されたすべての要素にアクセスするには、配列と同様に拡張for文を使用することができます。

3-4 例外処理を行ってみよう

ここでは、例外処理についてサンプルプログラムを実行して確認しましょう。

3-4-1 ▷ 例外と例外クラス

（手書き注: 実行時エラー）

プログラムに文法的な間違いがあった場合、コンパイル時にコンパイルエラーとして指摘されます。それに対して、文法的には間違いがあるわけではないが、実行時に処理することができない命令が存在します（リスト3-18）。

▼ リスト3-18　コンパイルエラーのコード例 *（手書き注: 実行時エラー）*

```java
int[] data = new int[5];      // 要素数5の整数型配列
data[10] = 1;     // 添字に10を指定
```

リスト3-18では、要素数5の配列があります。要素数5ということは添字は0〜4になります。次の行で添字に10を指定しており、これは明らかな間違いですが、コンパイラはそこまでチェックしていません。

リスト3-18の場合、コンパイルが通って実行はできるものの、添字に10を指定している処理を行うタイミングで**例外が発生し、プログラムが途中で終了**してしまいます。

このような例外が発生した場合、Javaの実行環境では、例外情報を管理するクラスのオブジェクトを生成します。代表的な例外クラスは**表3-2**、**表3-3**のとおりです。

● 表3-2　非検査例外

上位クラス1	上位クラス2	例外クラス	説明
Exception	Runtime Exception	NumberFormatException	文字列を数値に変換できない
		NullPointerException	nullオブジェクトに対し、メンバ変数やメソッドにアクセスした
		ArrayIndexOutOfBounds Exception	配列の要素を超えた添字にアクセスした

（手書き注: Integer.parseInt 等が出来ていないときなど）
（手書き注: 参照先がない状態）
（手書き注: 配列の範囲外）

● 表3-3　検査例外[注A]

（手書き注: 必ず例外処理書く必要がある）

上位クラス	例外クラス	概要
Exception	IOException	入出力処理に失敗した
	SQLException	データベースアクセスに失敗した
	ClassNotFoundException	指定された名前のクラスの定義が見つからなかった
	FileNotFoundException	指定されたパス名にあるファイルが開けなかった

（手書き注: Input/Output テキストファイルみつからない等）

注A　一部上位クラスを省略しています。

67

CHAPTER 3　Javaの基本を理解しよう

3-4-2 ▶ try-catch構文

　例外処理の代表的なものとしてtry-catch構文があります。ここではサンプルプログラムを実行して確認していきましょう。

● サンプルプログラム

検査例外が発生する処理に関しては、例外処理を記述しないとコンパイルエラーとなります。リスト3-19で例外処理の記述方法を確認してみましょう。

▼ リスト3-19　サンプルプログラム（SampleTryCatch.java）

```java
08: public class SampleTryCatch {
09:     public static void main(String[] args) {
10:         // ファイル読み込みの機能を持ったクラス
11:         FileReader fReader = null;
12:
13:         System.out.println(1);
14:
15:         try{
16:             // ファイルの指定
17:             File file = new File("src/section3_4/sample.txt");
18:             // ファイルの読込
19:             fReader = new FileReader(file);
20:
21:             System.out.println(2);
22:         }catch(FileNotFoundException ex){
23:             System.out.println(3);
24:         }finally{
25:             if(fReader != null){
26:                 try {
27:                     fReader.close();
28:                 } catch (IOException ex) {
29:                     ex.printStackTrace();
30:                 }
31:             }
32:             System.out.println(4);
33:         }
34:     }
35: }
```

● 実行結果

　SampleTryCatch.javaは「Chapter03」の下にある「section3_4」の下にあります。**3-1-1**の実行方法に沿ってSampleTryCatch.javaを実行すると、**図3-10**のように実行結果が表示されます。

● 図3-10　リスト3-19の実行結果

● 例外処理の書式

例外処理の書式は以下のとおりです。

```
try {
    例外が発生する可能性のある処理                    ── 一般的な処理
} catch( 発生する例外クラス名 変数 ) {          catchは複数書ける。
    例外が発生した時の処理                          2つ以上でもOK
} catch( 発生する例外クラス名 変数 ) {
    例外が発生した時の処理
} finally {
    必ず実行する処理          ── 例外が あってもなくても リラう処理
}
```

tryブロックの中で例外が発生すると、Javaの実行環境が例外情報オブジェクトを生成して catch句 に渡します。そして、その情報を受け取ることができるクラス名を記述したcatch句のブロックにある処理を実行します。

catchに関しては、処理中に発生する例外に応じて複数を記述することができます。finallyブロックの処理は、例外発生の有無に関わらず必ず行われます。 finally は省略可能ですが、記述する場合はすべての catch の最後に記述します。

リスト3-19では、FileクラスとFileReaderクラスを使用して外部にあるファイルを読み込んでいます。しかし対象となるファイルは存在しないため、FileReaderオブジェクトを生成するタイミングで「FileNotFoundException」が発生します。例外が発生するとtryブロック内の以降の処理は行われず、catch句に進みます。よって2は出力されません。

catchブロックの処理を行った後はfinallyブロック以降の処理を行います。もし対象となるファイルが存在し、例外が発生しない場合の実行結果は図3-11のとおりです。

section3_4 に きちんと
sample.txt ファイル が 保存されているとき

● 図3-11　例外処理が発生しない場合の実行結果

CHAPTER 3 Javaの基本を理解しよう

要点整理

✔ クラスは「メンバ変数」「コンストラクタ」「メソッド」から構成される

✔ クラスを構成するものにアクセス修飾子を付けて、外部からのアクセスを制限する

✔ クラスからオブジェクトを生成して、メンバ変数やメソッドにアクセスできる

✔ 配列やコレクションは拡張for文を使ってすべての要素にアクセスできる

✔ クラス定義の方法にJavaBeansという技術仕様がある

✔ 例外が発生する可能性がある処理はtry〜catch構文を用いて対処する

COLUMN

コレクションの種類

コレクションは大きく分けて**表3-A**に挙げる3つのインターフェースが存在します。

● 表3-A　コレクションの種類

コレクション	説明
List	要素を配列のように番号（インデックス）で管理する。番号を指定して要素を取得、挿入、更新、削除ができる
Set	要素を順序付けせずに管理する。同じ要素は上書きされ、複数挿入することを防ぐことができる
Map	要素をkey値と結び付けて管理する。Listと異なり、番号ではなくkey値を指定して要素を取り出す

3-3-2のサンプルで扱ったArrayListクラスは、Listインターフェースを実装して作られているため、その特徴を引き継いでいます。Listインターフェースを実装したクラスは、他にLinkedListクラスやVectorクラスなどがあります。

練 習 問 題

問題1 次のクラスが定義されているとします。

```
01: public class Chap3_01 {
02:     private String data1;
03:     private int data2;
04:     private double data3;
05:
06:     public Chap3_01(String data1, int data2, double data3) {
07:         this.data1 = data1;
08:         this.data2 = data2;
09:         this.data3 = data3;
10:     }
11:
12:     public void printData(){
13:         System.out.println(data1 + data2 + data3);
14:     }
15: }
```

このクラスのオブジェクトを生成する正しい記述を次のうちから1つ選択してください。なおパッケージなどは適切に配置・宣言されているとします。

(A) Chap3_01 chap = new Chap3_01();

(B) Chap3_01 chap = new Chap3_01("Hello", 10, 1.23);

(C) Chap3_01 chap = new Chap3_01("Hello", "Java", "World");

(D) Chap3_01 chap = new Chap3_01("Hello", 1.23, 4.56);

問題2 次のクラスが定義されているとします。

```
01: public class Chap3_02 {
02:     private int score;
03:
04: }
```

このクラスにフィールドのgetterメソッドを定義する場合、JavaBeansの技術仕様に沿った正しいメソッド名を次のうちから1つ選択してください。

(A) getInt

(B) scoreGet

(C) getScore

(D) getIntScore

CHAPTER 3　Javaの基本を理解しよう

問題3　次のクラスが定義されているとします。

```
01: public class Chap3_03 {
02:     public static void main(String[] args) {
03:         ArrayList<Integer> list = new ArrayList<>();
04:
05:         list.add(new Integer(10));
06:         list.add(new Integer(20));
07:         list.add(new Integer(30));
08:
09:         for(/* データ型 */ data : list){
10:             System.out.println(data);
11:         }
12:     }
13: }
```

拡張for文の「/* データ型 */」に入る正しいデータ型を次のうちから2つ選択してください。

（A）Integer

（B）String

（C）ArrayList

（D）int

CHAPTER 4

HTML/CSSの基本を理解しよう

本章では、サーブレットやJSPを学習する前に押さえておくべきHTMLとCSSの基本文法について解説します。

本章のサンプルプログラム

本章で扱うサンプルは右の場所にあります。
パッケージ・エクスプローラーにあるアイコンの「>」をクリックすると詳細を展開できます。ファイル名をダブルクリックすると、画面中央のエディタにプログラムが表示されます。

4-1	HTMLの基礎知識	P.74
4-2	CSSを使ったレイアウト	P.83

CHAPTER 4　HTML/CSSの基本を理解しよう

4-1 HTMLの基礎知識

ここではWebページで使用する言語、HTMLの基本について確認していきます。

4-1-1 ▶ HTMLの基本的なタグ

　クライアントがブラウザで閲覧するWebページは主にHTML（HyperText Markup Language）とCSS（Cascading Style Sheets）で作成されています。CSSについては**4-2**で解説しますが、まずHTMLの基本的なタグを確認していきましょう。なお、本サンプルはHTML5の仕様に沿って記述しています。

● サンプルプログラム

　HTMLのタグとは < > で囲まれた書式を用いて文章の構造や見た目を指定するものです。**リスト4-1**でタグの具体的な記述方法を確認してみましょう。

▼ リスト4-1　サンプルプログラム (basictag.html)

```
01:  <!DOCTYPE html>
02:  <html lang="ja">
03:  <head>
04:      <meta charset="UTF-8">
05:      <title>基本的なタグ</title>
06:  </head>
07:  <body>
08:      <h1>見出し1は大きい</h1>
09:      <h6>見出し6は小さい</h6>
10:      <p>ここから段落<br>改行して、ここまで段落<p>
11:      <hr/>
12:      <ul>
13:          <li>順序なしリスト1</li>
14:          <li>順序なしリスト2</li>
15:          <li>順序なしリスト3</li>
16:      </ul>
17:      <ol>
18:          <li>順序付きリスト1</li>
19:          <li>順序付きリスト2</li>
20:          <li>順序付きリスト3</li>
21:      </ol>
22:      <hr/>
23:      <table border="1">
```

続く ➡

```
24:            <thead>
25:                <tr>
26:                    <th>表見出し1</th><th>表見出し2</th><th>表見出し3</th>
27:                </tr>
28:            </thead>
29:            <tbody>
30:                <tr>
31:                    <td>データ1</td><td>データ2</td><td>データ3</td>
32:                </tr>
33:                <tr>
34:                    <td>データ3</td><td>データ4</td><td>データ5</td>
35:                </tr>
36:                <tr>
37:                    <td>データ7</td><td>データ8</td><td>データ9</td>
38:                </tr>
39:            </tbody>
40:        </table>
41:        <hr/>
42:        <span style="color:#ff0000">スタイルの適用(改行を伴わない)</span><br>
43:        <div style="text-align:center;color:#ff0000">スタイルの適用(改行を伴う)</div>
44:    </body>
45: </html>
```

●実行方法

basictag.htmlは「Chapter04」の下にある「WebContent」の下にあります。

サンプルプログラムを実行するには、プロジェクト・エクスプローラー内で実行したいサンプルプログラム上で右クリックし、「実行」→「サーバーで実行」を選択します(注1)。

実行するサーバーを選択する「サーバーで実行」画面(図4-1)が出てきますが、そのまま「完了」ボタンを押します(注2)。Tomcatサーバーが起動し、同時にEclipse画面の右側にブラウザも起動し、実行結果が表示されます。

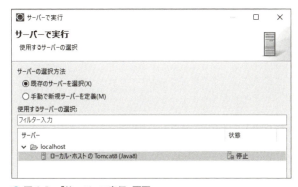

●図4-1 「サーバーで実行」画面

(注1) 「実行」メニューが表示されていない場合、メニュー下の「▼」をクリックしていくと表示されます。
(注2) Windowsの設定によっては、ファイアウォールの許可画面が出てくる場合がありますが、そのまま「許可」をクリックして先に進めてください。

CHAPTER 4　HTML/CSSの基本を理解しよう

本章で登場するサンプルプログラムも同様の方法で実行することが可能です。

● 実行結果

リスト4-1を実行すると、図4-2のように実行結果が表示されます。

● 図4-2　リスト4-1の実行結果

● タグの基本書式

HTMLの先頭行では、「このファイルはHTMLの定義に基いて記載している」ということを示す「文書型宣言」を行う必要があります。リスト4-1では1行目の「<!DOCTYPE html>」がそれにあたります。

2行目以降で文書の内容を記載していきますが、HTMLではタグによって文書の内容に意味付けを行います。タグの基本的な書式は以下のとおりです。

<開始タグ>要素が持つデータ</終了タグ>

HTMLタグは「<開始タグ>」と「/<終了タグ>」のセットになっており、そのひとまとまりを「**要素（エレメント）**」と言います。

タグは入れ子構造にすることもできます。入れ子構造とは、「<開始タグ>」〜「/<終了タグ>」の中に別の「<開始タグ>」〜「/<終了タグ>」の要素が記述された形式のことです。

<開始タグ1><開始タグ2>要素が持つデータ</終了タグ2></終了タグ1>

ただし、以下のように交互にタグを記述することはできません。

<開始タグ1><開始タグ2>要素が持つデータ</終了タグ1></終了タグ2>

またタグによっては属性を指定できるものがあります。属性とは開始タグ内に記述し、そのタグの設定を値で指定するものです。属性を指定する場合の書式は以下のとおりです。

<開始タグ 属性="値">要素が持つデータ</終了タグ>

一般的に属性の値はダブルクォーテーション（""）で囲いますが、シングルクォーテーション（''）でも、クォーテーション自体を省略しても問題ありません。

HTMLを記述する際に最低限必要となるタグを**表4-1**に挙げています。

● **表4-1　最低限必要なHTMLタグ**

タグ	説明
\<html\>	HTML文書全体を示すタグ。このタグの中にWebページの情報を記載する。lang属性には使用している言語を指定する
\<head\>	文書のタイトルやヘッダ情報を記載する
\<body\>	ブラウザに表示される内容を記載する

これらのタグを使ったWebページのテンプレートは以下のタグ構成となります。

```
<!DOCTYPE html>
<html lang="ja">
<head>

</head>
<body>

</body>
</html>
```

\<head\>タグの中で記載する主なタグは**表4-2**のとおりです。

● **表4-2　\<head\>タグ内で使用する主なタグ**

タグ	説明
\<meta\>	Webページの文字コードを指定する
\<title\>	ブラウザ上部に表示されるWebページのタイトルを記載する

\<body\>タグの中で記載する主なタグは**表4-3**のとおりです。

CHAPTER 4　HTML/CSSの基本を理解しよう

● 表4-3　\<body\>タグ内で使用する主なタグ

タグ	説明
\<h1\>	文書の見出しを記載する。タグの数値は1～6まで指定でき、数値が大きいほど出力する文字は小さくなる
\<p\>	段落として扱う文書を記載する
\<br\>	改行する。終了タグは省略可能
\<hr\>	水平線を表示する。終了タグは省略可能
\<ul\>	リスト(箇条書き)を行う。項目の先頭に「・」が付く
\<ol\>	リスト(箇条書き)を行う。項目の先頭に番号が付く
\<li\>	リストの項目を記載する
\<table\>	表形式でデータを表示する
\<tr\>	表の入れ子にして行を示す
\<th\>	行の入れ子にして列見出しを記載する
\<td\>	行の入れ子にして列の値を記載する
\<thead\>	表のヘッダー部を示す。出力には影響せず、HTMLの構造を管理する際に見通しが良くなる
\<tbody\>	表のボディ部を示す。\<thead\>と同じ用途になる
\<span\>	タグだけでは意味をなさず、タグで囲んだ値のスタイルを指定するために使用する
\<div\>	\<span\>タグと同様。ただし、出力に改行を伴う

ここでは本書で使用するHTMLタグを中心に説明しましたが、このほかにもたくさんのタグやタグに指定する属性があります。HTMLについて詳しく学習したい方は本書と同じシリーズの『ゼロからわかるHTML&CSS超入門[HTML5&CSS3対応版]』などを参照してください。

4-1-2 ▶ フォームの基本

Chapter 10で作成するWebシステムでは、ログイン認証を行うためのフォームを使用しています。ここでは、フォームの基本を解説します。

● サンプルプログラム

フォームとはユーザーに情報を入力・選択させて、サーバーに送信するためのものです。リスト4-2で記述方法を確認してみましょう。

▼ リスト4-2　サンプルプログラム (basicform.html)

```
01: <!DOCTYPE html>
02: <html lang="ja">
03: <head>
04:     <meta charset="UTF-8">
05:     <title>フォームの基本</title>
06: </head>
07: <body>
08: <h3>会員情報入力フォーム</h3>
```

続く➡

```
09:  <form action="http://gihyo.jp/book" method="get">
10:      <table border="1">
11:          <tr>
12:              <th><label for="userName">ユーザ名</label></th>
13:              <td><input type="text"name="userName" id="userName" ></td>
14:          </tr>
15:          <tr>
16:              <th><label for="pass">パスワード</label></th>
17:              <td><input type="password" name="pass" id="pass"></td>
18:          </tr>
19:          <tr>
20:              <th>性別</th>
21:              <td>
22:                  <label for="male"><input type="radio" name="gender" id="male"
     value="male" checked>男</label>
23:                  <label for="female"><input type="radio" name="gender" id=
     "female" value="female">女</label>
24:              </td>
25:          </tr>
26:          <tr>
27:              <th>趣味</th>
28:              <td>
29:                  <label for="book"><input type="checkbox" name="hobby" id=
     "book" value="book">読書</label>
30:                  <label for="music"><input type="checkbox" name="hobby" id=
     "music" value="music">音楽鑑賞</label>
31:                  <label for="travel"><input type="checkbox" name="hobby" id=
     "travel" value="travel">旅行</label>
32:              </td>
33:          </tr>
34:          <tr>
35:              <th>血液型</th>
36:              <td>
37:                  <select name="blood">
38:                      <option value="A">A型
39:                      <option value="B">B型
40:                      <option value="O">O型
41:                      <option value="AB">AB型
42:                  </select>
43:              </td>
44:          </tr>
45:          <tr>
46:              <th>備考</th>
47:              <td><textarea rows="5" cols="20" name="remarks"></textarea></td>
48:          </tr>
49:          <tr>
50:              <td colspan="2"><input type="submit" value="送信"></td>
51:          </tr>
52:      </table>
```

```
53: </form>
54: </body>
55: </html>
```

● 実行結果

basicform.htmlは「Chapter04」の下にある「WebContent」の下にあります。**4-1-1**の実行方法に沿ってbasicform.htmlを実行すると、図4-3のように実行結果が表示されます。

● 図4-3　リスト4-2の実行結果

● フォームの構成要素

図4-3のフォームには「ユーザー名」「パスワード」などの項目があり、それぞれに入力欄が設けられています。これらの入力欄は「コントロール」を使用しています。以降ではフォームを作成する際に必要なコントロールなどについて解説します。

フォームを作成する場合、表4-4にある<form>タグを使用します。

● 表4-4　フォームのタグ

タグ	説明
<form>	フォームを作成する。コントロールはこのタグの中に入れ子で記述する。送信ボタンを押すと、action属性に指定した先へリンクする。送信方法はmethod属性に指定する（指定可能な値は**4-1-3**を参照）

リスト4-2のフォームで配置されているコントロールを表4-5にまとめています。

● 表4-5　リスト4-2で使用しているコントロール

タグ	説明
<input type="text">	文字入力欄
<input type="password">	パスワード入力欄。文字を入力すると画面上には「●」などに置き換えられて表示される
<input type="radio">	選択ボタン。name属性の値が同じものの中から1つしか選択できない
<input type="checkbox">	選択ボタン。name属性の値を同じものにしてグループ化するが、radioとは異なり複数にチェックを入れることが可能
<select>	セレクトボックス。選択項目から1つだけ選択できる。radioと比較して、画面上のスペースを取らない
<option>	セレクトボックスの項目
<textarea>	複数行の文字入力欄。rows属性で表示される行数をcols属性で表示される列数を指定する
<submit>	送信ボタン。value属性で指定した値が画面上に表示される

表4-5にある各コントロールで共通している属性は**表4-6**のとおりです。

● 表4-6　各コントロールで使用している属性

属性	説明
name	コントロールに任意の名前を付ける。サーバーがデータを受信する際に必要となる
value	サーバーに送信される値。文字入力やパスワード入力欄は、ユーザーが入力した値がvalue属性の値になる

送信ボタンを押すと、各コントロールの情報は「name属性の値 = value属性の値」の形式でサーバーに送信されます。例えばリスト4-2では、「血液型」でAB型を選択して送信ボタンを押すと、「blood=AB」という情報としてサーバーに送信されます。

また、必須ではありませんが、ユーザーの操作を支援するタグも存在します（**表4-7**）。

● 表4-7　ユーザーの操作を支援するタグ

タグ	説明
<label>	for属性の値とほかのコントロールのid属性の値が同じものを関連付ける。labelタグの要素をクリックすると、関連付いたコントロールが反応する

例えばリスト4-2では、「ユーザー名」という文字の上でクリックすると、「ユーザー名」の横にある文字入力欄にカーソルが移動したり、「読書」という文字の上でクリックすると、「読書」のチェックボックスのチェックが入ります。ただし、各コントロールのid属性と値を削除した場合は、labelの値をクリックしてもコントロールは反応しなくなります。

4-1-3 ▶ GET送信とPOST送信の違い

<form>タグ内のmethod属性に指定できる値として「post」と「get」があります。送信ボタンを押すと、どちらも action属性で指定したURLにデータを送信しますが、

CHAPTER 4　HTML/CSSの基本を理解しよう

ブラウザのURL欄に表示される内容が異なります。リスト4-2では「post」になっていますが、図4-4のように各コントロールに情報を入力して送信すると、URL欄は図4-5のようになります。

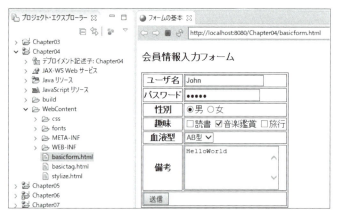

● 図4-4　送信する情報　※パスワードには「pass1」と入力しています。

● 図4-5　post送信先のURL

リスト4-2の「post」を「get」に変更し、図4-4のように情報を入力して送信すると、URL欄は図4-6のようになります。

● 図4-6　get送信先のURL

GET送信すると、URLの後ろに送信したデータが追加して送られます。追加するデータの形式は以下のとおりです。

送信先のURL?name 属性の値=value 属性の値&name 属性の値=value 属性の値 & …

送信先のURLの後ろには「?」を、その後送信するデータの区切りに「&」を付けます。今回のサンプルでは以下のようになります。

http://gihyo.jp/book?userName=John&pass=pass1&gender=male&hobby=music&hobby=travel&blood=AB&remarks=HelloWorld

送信元のコントロールの「name属性の値」「value属性の値」がどのように反映されているか確認してください。**POST送信でも同じようにデータが送られますが、URL欄に表示されない**ことがGET送信との大きな違いです。URLに表示されるものは簡単に言うと、インターネット上の誰もが参照できるデータになりますので、**個人情報などを入力するフォームは必ずPOST送信**にしてください。

82

4-2 CSSを使ったレイアウト

CSSはHTMLとよく一緒に使われ、Webページの見た目を定義するための言語です。ここでは、CSSの基本を理解しておきましょう。

4-2-1 CSSとは

CSSは「Cascating Style Sheets」の略で、単に「スタイルシート」とも呼ばれます。**HTMLにはWebページに表示するデータを記述し、CSSにはデータの色や大きさといった見栄えを記述**します。

HTMLにCSSを適用させてWebページを作成する方法は以下のとおりです。

1. タグのstyle属性に記述して、部分的に適用する
2. <style>タグの要素に記述して、文書単位に設定する
3. 拡張子「.css」のファイルに記述して、HTMLからそのファイルにリンクすることで設定する

企業のWebサイトのように複数のWebページで構成されているものは、CSSファイルにリンクする方法を採用すると、すべてのページに同じスタイルを適用でき、サイト全体に統一感を出すことができます(図4-7)。

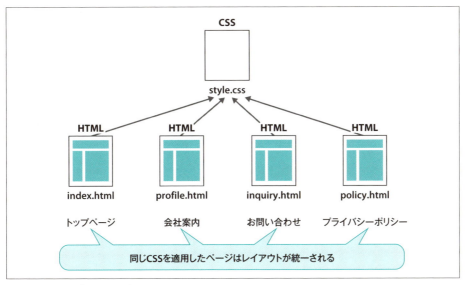

● 図4-7　CSS適用のメリット

CHAPTER 4　HTML/CSSの基本を理解しよう

CSSはWebページのイメージを元に、1から記述することもできますが、**よく使うスタイルをあらかじめ記述し、それを利用する**といった使われ方もされます。それらのスタイルを「**CSSフレームワーク**」と言います。CSSフレームワークを使うメリットは以下のとおりです。

- すぐに適用できるため、Webサイトの作成を効率化できる
- CSSについて深い知識がなくても、ある程度整ったWebサイトを作成できる

このように、効率面でのメリットが目立ちますが、以下のようなデメリットも存在します。

- 同じCSSフレームワークを適用した別のWebサイトと似た雰囲気になる
- 利用しないスタイルの記述は無駄になってしまう

本書では、Web上で公開されている「SkyBlue CSS Framework[注3]」を使用します。なお、このスタイルシートで使用するアイコン群は、以下のURLで配布されています。

http://themes-pixeden.com/font-demos/7-stroke/index.html

4-2-2　レイアウトの基本

ここでは、CSSは適用するとどのようにWebページが変化するか確認していきます。

● サンプルプログラム

リスト4-2にスタイルシートを適用すると、どのようになるのかリスト4-3で確認しましょう。

▼リスト4-3　サンプルプログラム (stylize.html)

```
01: <!DOCTYPE html>
02: <html lang="ja">
03: <head>
04:     <meta charset="UTF-8">
05:     <title>フォームの基本</title>
06:     <link rel="stylesheet" href="./css/skyblue.css">
07:     <link rel="stylesheet" href="./css/pe-icon-7-stroke.css">
08:     <link rel="stylesheet" href="./css/helper.css">
09: </head>
10: <body>
11: <div class="bg-success padding-y-5">
12:     <div class="padding-y-5 text-center">
```

続く➡

TIPS　(注3)　https://stanko.github.io/skyblue/

```html
13:            <strong>会員情報入力フォーム</strong>
14:        </div>
15: </div>
16: <div class="padding-y-5">
17:     <div style="width: 40%" class="padding-y-5">
18:         <form action="http://gihyo.jp/book" method="get">
19:             <table border="1" class="table">
20:                 <tr>
21:                     <th><label for="userName"><span class="icon-smile pe-2x
    pe-va"></span> ユーザ名</label></th>
22:                     <td><input type="text"name="userName" id="userName"
    class="form-control"></td>
23:                 </tr>
24:                 <tr>
25:                     <th><label for="pass"><span class="icon-note pe-2x pe-
    va"></span> パスワード</label></th>
26:                     <td><input type="password" name="pass" id="pass" class=
    "form-control"></td>
27:                 </tr>
28:                 <tr>
29:                     <th><span class="icon-users pe-2x pe-va"></span> 
    性別</th>
30:                     <td>
31:                         <label class="fancy-radio"><input type="radio"
    name="gender" value="male" checked><span>男</span></label>
32:                         <label class="fancy-radio"><input type="radio" name=
    "gender" value="female"><span>女</span></label>
33:                     </td>
34:                 </tr>
35:                 <tr>
36:                     <th><span class="icon-joy pe-2x pe-va"></span> 趣味
    </th>
37:                     <td>
38:                         <label class="fancy-checkbox"><input type="checkbox"
    name="hobby" value="book"><span>読書</span></label>
39:                         <label class="fancy-checkbox"><input type="checkbox"
    name="hobby" value="music"><span>音楽鑑賞</span></label>
40:                         <label class="fancy-checkbox"><input type="checkbox"
    name="hobby" value="travel"><span>旅行</span></label>
41:                     </td>
42:                 </tr>
43:                 <tr>
44:                     <th><span class="icon-bandaid pe-2x pe-va"></span> 
    血液型</th>
45:                     <td>
46:                         <select name="blood" class="form-control">
47:                             <option value="A">A型
48:                             <option value="B">B型
49:                             <option value="O">O型
```

CHAPTER 4　HTML/CSSの基本を理解しよう

```
50:                        <option value="AB">AB型
51:                    </select>
52:                </td>
53:            </tr>
54:            <tr>
55:                <th><span class="icon-note2 pe-2x pe-va"></span> 
    備考</th>
56:                <td><textarea rows="5" cols="20" name="remarks" class=
    "form-control"></textarea></td>
57:            </tr>
58:            <tr>
59:                <td colspan="2" class="text-right"><input type="submit"
    value="送信" class="btn"></td>
60:            </tr>
61:        </table>
62:    </form>
63:  </div>
64: </div>
65: </body>
66: </html>
```

● 実行結果

stylize.htmlは「Chapter04」の下にある「WebContent」の下にあります。**4-1-1**の実行方法に沿ってstylize.htmlを実行すると、図4-8のように実行結果が表示されます。

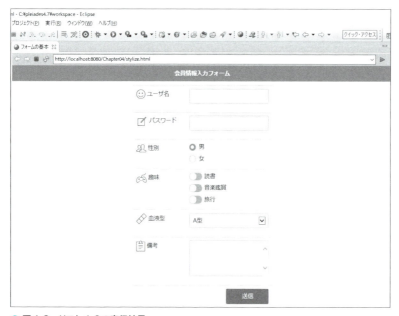

● 図4-8　リスト4-3の実行結果

● **CSSの利用**

CSSファイルは「WebContent」の下の「css」に配置しています（**図4-9**）。

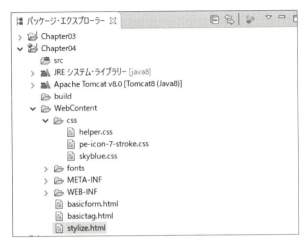

● 図4-9　CSSファイル

これらのスタイルシートを適用するには、HTMLのheadタグ内で以下の記述を追加します。

```
<link rel="stylesheet" href="パスを含むファイル名">
```

リスト4-3では以下の個所でスタイルシートを適用しています（**リスト4-4**）。

▼ リスト4-4　スタイルシートの適用個所

```
06: <link rel="stylesheet" href="./css/skyblue.css">
07: <link rel="stylesheet" href="./css/pe-icon-7-stroke.css">
08: <link rel="stylesheet" href="./css/helper.css">
```

スタイルの指定は、対象となるタグのclass属性に記述します。SkyBlue.cssで提示されている属性の値は**表4-8**のとおりです。

● 表4-8 SkyBlue.cssで提示されている属性の値

属性値	説明
bg-success	背景色を指定する。その他に「bg-error」「bg-warning」「bg-light」「bg-dark」「bg-white」がある
padding-y-n	余白を指定する。yは縦方向、nの部分は整数値
text-center	中央揃えにする。その他に「text-left」「text-right」がある
table	テーブルタグに指定する。罫線を表示する「table-bordered」、1行ずつ色を変える「table-striped」などと併せて使用する
form-control	テーブルのコントロールに指定する。他のコントロールと書式が統一され、大きめに領域が取られる
fancy-radio	ラジオボタンを入れ子にしたlabelに指定する。見た目とマウスカーソルが当たったときのマウスアイコンが変わる
fancy-checkbox	チェックボックスを入れ子にしたlabelに指定する。見た目とマウスカーソルが当たったときのマウスアイコンが変わる
btn	送信ボタンに指定する。見た目が変わる

アイコンを表示するには、spanタグのclass属性に記述します。属性の値は表4-9のとおりです。

● 表4-9 表タイトル

属性値	説明
アイコン名	指定したアイコンを表示する。アイコンはSkyBlue.cssのWebページ（https://stanko.github.io/skyblue/#icons）に掲載されている
pe-nx	アイコンの大きさを指定する。nには2～5の整数値が入る
pe-va	アイコンを中段揃えにする

その他にアイコンの傾きや回転の有無なども指定できます。詳細については、アイコン群をダウンロードして解凍したフォルダの中にある「documentation.html」に記載されています。

要点整理

- ✔ WebページはHTMLで記述されたものをブラウザが解釈して表示している
- ✔ HTMLはWebページに表示するデータを、スタイルシートはその見栄えを指定して連携して使用している
- ✔ スタイルシートは自分でゼロから作ることも、CSS Frameworkを利用することもできる
- ✔ データの送信方法はGET送信とPOST送信があり、フォームに入力したデータは一般的に「POST送信」にする

練習問題

問題1 HTMLのテーブルとフォームを使って、図ex-1のように表示されているとします。

● 図ex-1　セレクトボックス

bodyタグ内の正しい記述法を、次のうちから1つ選択してください。

(A)
```
01: <table border="1">
02: <form>
03:     <tr>
04:         <td>職業</td>
05:         <td>
06:             <select>
07:                 <option>学生<option>会社員<option>自営業<option>公務員<option>その他
08:             </select>
09:         </td>
10:     </tr>
11: </form>
12: </table>
```

(B)
```
01: <form>
02: <table border="1">
03:     <tr>
04:         <td>職業</td>
05:         <td>
06:             <input type="select">
07:                 <option>学生<option>会社員<option>自営業<option>公務員<option>その他
08:             </input>
09:         </td>
10:     </tr>
11: </table>
12: </form>
```

CHAPTER 4　HTML/CSSの基本を理解しよう

（C）

```
01:  <form>
02:  <table border="1">
03:      <td>
04:          <tr>職業</tr>
05:          <tr>
06:              <select>
07:                  <option>学生<option>会社員<option>自営業
     <option>公務員<option>その他
08:              </select>
09:          </tr>
10:      </td>
11:  </table>
12:  </form>
```

（D）

```
01:  <form>
02:  <table border="1">
03:      <tr>
04:          <td>職業</td>
05:          <td>
06:              <select>
07:                  <option>学生<option>会社員<option>自営業
     <option>公務員<option>その他
08:              </select>
09:          </td>
10:      </tr>
11:  </table>
12:  </form>
```

問題2　4-2-2で扱ったスタイルシートのサンプルプログラム（リスト4-3）で、一番上に表示される「会員情報入力フォーム」の背景色を「赤」にする際の属性値を、次のうちから1つ選択してください。

（A）bg-error
（B）bg-warning
（C）bg-light
（D）bg-dark

90

CHAPTER 5

JSPの基本を理解しよう

　本章では、本書のメインテーマの1つであるJSPの基本について学習していきます。

本章のサンプルプログラム
本章で扱うサンプルは右の場所にあります。
パッケージ・エクスプローラーにあるアイコンの「>」をクリックすると詳細を展開できます。ファイル名をダブルクリックすると、画面中央のエディタにプログラムが表示されます。

5-1　JSPの概要	P.92
5-2　JSPの作成と実行	P.94
5-3　JSPの基本書式	P.103

CHAPTER 5　JSPの基本を理解しよう

5-1 JSPの概要

JSPのプログラムを作成して実行する前に、JSPの概要と構成要素について解説します。

5-1-1 JSPの概要

JSP（JavaServer Pages）はアプリケーション（以下、AP）サーバー上で動的なページを作成するJavaの技術であることを**Chapter 1**で解説しました。

JSPファイルはHTMLによる記述が主となりますが、ファイルの拡張子は「.jsp」として保存します。またJSPを動作させるには、Webコンテナ（サーブレットコンテナ）が必要です。主なWebコンテナとしては「Apache Tomcat（以下、Tomcat）」があり、TomcatはWebサーバーの機能も備えています。

1-2-3でWebシステムの3層構成について解説しましたが、3層構成といっても必ず3台のコンピュータを使って実現しなければならないわけではありません。Tomcatだけでサーブレットや JSP を動作させる場合は、図5-1のように2つのサーバー機能を1台のマシンに持たせることも可能です。つまり、TomcatをWebサーバーとして使用すれば、Tomcatだけで静的なページも動的なページもクライアントに返すことができます。

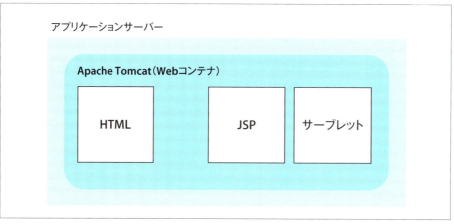

●図5-1　TomcatとJSP

5-1-2 ▷ JSPの構成要素

JSPは以下に挙げる要素から構成されています。

・コメント

JSPファイル内に記述するコメントのことです。

・宣言

Javaにおいてはクラスのすぐ下に記述するものです。変数とメソッドを定義できます。

・スクリプトレット

Javaにおいてはメソッドに記述するものです。Javaの処理命令を記述します。

・式

変数や計算式、戻り値のあるメソッドの呼び出しを行うと、結果を出力します。

・ディレクティブ

Webコンテナに、JSPのページ設定を伝えます。

・式言語

Javaの処理命令を簡易的に記述できます。

・アクション

オブジェクトの生成など、特定の動作を行うタグです。

・JSTL

JavaServer Pages Standard Tag Libraryの略です。式言語と組み合わせて、Javaの処理命令をより簡略化して記述できます。

　これらについては**5-3-1**で詳しく解説します。以降でサンプルプログラムを提示しながら解説していきます。今のところは**HTMLの記述にJSP独自の記述を加えてWebページを作成していく**ということを理解しておいてください。

CHAPTER 5　JSPの基本を理解しよう

5-2 JSPの作成と実行

ここでは、簡単なJSPのプログラムを作成してから、そのプログラムの実行までを行ってみましょう。

5-2-1 ▶ JSPファイルの作成

Eclipse上でプロジェクトを作成し、そのプロジェクト上にJSPファイルを作成します。

● JSP用動的Webプロジェクトの作成

❶ 新規プロジェクトの選択

Eclipseを起動して「ファイル」メニューを選択し、「新規」―「その他」を選択します❶。

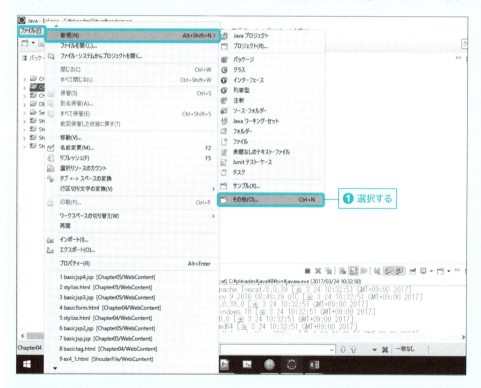

❷ 動的Webプロジェクトの選択

「ウィザードを選択」画面にある「Web」を展開して「動的Webプロジェクト」を選択し❶、「次へ」をクリックします❷。

❸ プロジェクト名の入力

「動的Webプロジェクト」画面にある「プロジェクト名」に「samplejsp」と入力し❶、「次へ」をクリックします❷。

Chapter 05

❹ Java画面

「Java」画面ではそのまま「次へ」をクリックします❶。

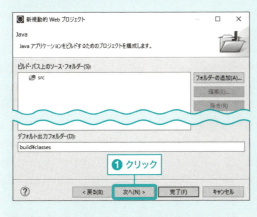

❺ コンテキスト・ルートの設定

「Webモジュール」画面の「コンテキスト・ルート」に「sj」と入力します❶。なお、「samplejsp」と入力されている場合は「sj」に変更してください。入力後は「完了」をクリックしてください❷。

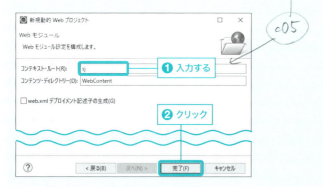

❻ プロジェクト作成の確認

画面右上にあるパースペクティブアイコンをクリックし❶、「パースペクティブを開く」画面で「JavaEE」を選択して「開く」をクリックします❷。画面左の「プロジェクト・エクスプローラー」に「samplejsp」プロジェクトができていることを確認してください。

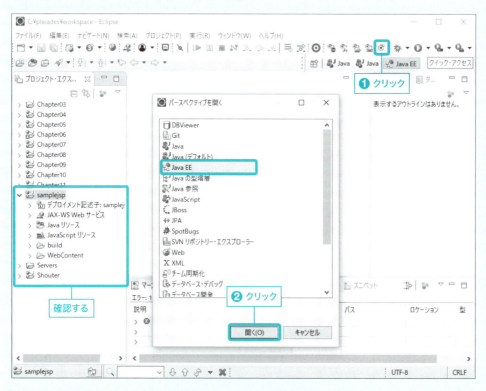

● JSPファイルの新規作成

1 ウィザードの起動

先ほど作成した「samplejsp」プロジェクトの下にある「WebContent」を右クリックし❶、「新規」ー「その他」を選択します❷。　　その他ではなく「JSPファイル」でOK.

2 JSPファイルの選択

「ウィザードを選択」画面にある「Web」ー「JSPファイル」を選択し❶、「次へ」をクリックします❷。

3 JSPファイル名の入力

「JSPビュー」画面で「samplejsp」の下にある「WebContent」が選択されていることを確認します。その下の「ファイル名」に「basicjsp1.jsp」と入力し❶、「完了」をクリックします❷。

CHAPTER 5　JSPの基本を理解しよう

4　ファイル作成の確認

画面中央のエディターエリアに「basicjsp1.jsp」のソースが開かれていること、画面左の「プロジェクト・エクスプローラー」のsamplejspの下、WebContentの中に「basicjsp1.jsp」が存在することを確認します。

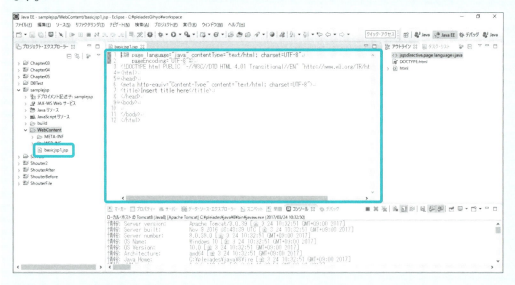

5　プログラムの入力

リスト5-1のようにプログラムを入力して保存します[注1]。

(注1) すでにベースとなる記述がありますので、変更部分のみ記述を変更するか、C:¥pleiades¥workspace¥Chapter05¥WebContentにあるbasicjsp1.jspの内容を貼り付けてください。

98

▼ リスト5-1　サンプルプログラム (basicjsp1.jsp)

```jsp
01: <%@ page language="java" contentType="text/html; charset=UTF-8"
02:     pageEncoding="UTF-8"%>
03: <!DOCTYPE html>
04: <html lang="ja">
05: <head>
06: <meta http-equiv="Content-Type" content="text/html; charset=UTF
    -8">
07: <title>JSPの基本</title>
08: </head>
09: <body>
10:     <h3>JSPの基本的なタグ</h3>
11:     <%-- JSPのコメント --%>
12:     <%!
13:         // 変数宣言
14:         String message = "Hello JSP World!!";
15:     %>
16:     <p>データの出力</p>
17:     <%= message %><br>
18: </body>
19: </html>
```

（手書きメモ）
- `http-equiv="Content-Type" content="text/html;` → 旧式の記述　追加しなくてOK.
- 11〜15行目 → `<%` JSP独自の記述

5-2-2 ▶ JSPの実行

5-2-1でJSPファイルを作成しました。次にこのファイルの実行手順について解説します。

❶ Tomcatサーバーとの関連付けの選択

画面右上のパースペクティブが「Java EE」であることを確認し、画面下の「サーバー」タブを選択します❶。その中に「使用可能なサーバーがありません。……」のリンクをクリックします❷。

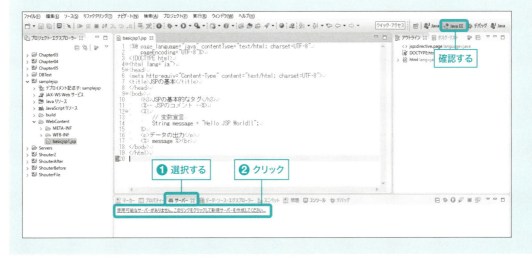

CHAPTER 5　JSPの基本を理解しよう

2 Tomcatサーバーのバージョンの選択

「新規サーバーの定義」画面で、「Apache」の「Tomcat v8.0 サーバー」を選択し❶、「次へ」をクリックします❷。

3 実行するJSPファイルの選択

「追加および除去」画面で「使用可能」欄から「samplejsp」を選択し、「追加」ボタンをクリックして「構成済み」欄に移動し❶、「完了」をクリックします❷。

100

❹ Tomcatサーバーの起動

「サーバー」タブに作成された「ローカル・ホストのTomcat8(java8)」上で右クリックし❶、「開始」を選択します❷(注2)。

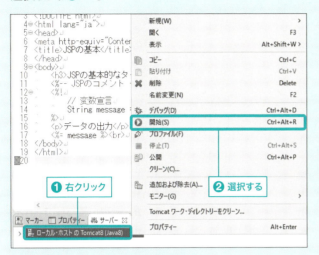

❺ Tomcatサーバーの起動確認

Tomcatサーバーが起動しますので、状態が[始動済み、同期済み]になっていることを確認します。

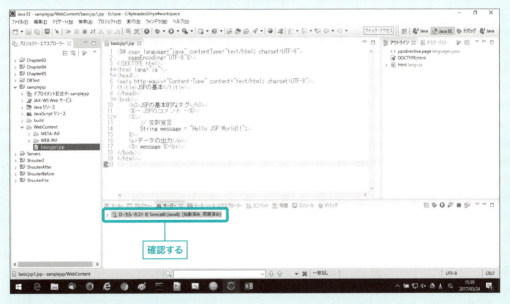

TIPS　（注2）Windowsファイアウォールからの警告画面が出た場合は、「アクセスを許可する」を選択してください。

⑥ Webページの閲覧

ブラウザを起動し、以下のURLを入力して表示結果を確認します❶。

http://localhost:8080/sj/basicjsp1.jsp

※ c05　任意に指定したコンテキスト・ルート名．

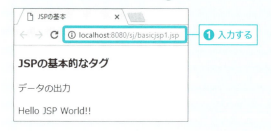

❶入力する

◆◆◆

これでJSPファイルの実行が完了しました。

COLUMN

簡単な実行方法

5-2-2で解説したJSPファイルの実行は、以下の手順でより簡単に行うことができます。

1. 「ウィンドウ」メニューの「Webブラウザー」から、実行結果を確認するブラウザを選択する（図5-A、本書ではChromeとしています）

● 図5-A　ブラウザの選択

2. エディタに表示されているプログラム上（もしくは「プロジェクト・エクスプローラー」に表示されているファイル上）で右クリックし、「実行」から「サーバーで実行」を選択する

5-3 JSPの基本書式

ここでは、JSPにおける基本的な書式について確認していきます。

[手書き注記: <%! %> 宣言 / <% %> スクリプトレット (メソッド内にする) / <%= %> 式 / <%-- --%> コメント / <%@ %> ディレクティブ]

5-3-1 ▷ JSPで使用される主なタグ

JSPではHTMLのタグを使用します。ここではJSPファイルで使われる主なHTMLタグについて解説します。

[手書き注記: <%@ page %> ページディレクティブ]

● **サンプルプログラム**

リスト5-2は、JSPで記述できる主なタグを使ったサンプルプログラムです。

[手書き注記: ディレクティブ]

▼ **リスト5-2 サンプルプログラム (basicjsp2.jsp)**

```
01: <%@ page language="java" contentType="text/html; charset=UTF-8" pageEncoding
    ="UTF-8"%>
02: <!DOCTYPE html>
03: <html lang="ja">
04: <head>
05: <meta http-equiv="Content-Type" content="text/html; charset=UTF-8">
06: <title>JSPの基本</title>
07: </head>
08: <body>
09: <h3>JSPの基本的なタグ</h3>
10: <%-- JSPのコメント --%>
11: <%!
12:     // 変数宣言
13:     int cnt1 = 0;
14:
15:     // メソッドの定義
16:     int adding(int num1, int num2){
17:         return num1 + num2;
18:     }
19: %>
20: <%
21:     // 変数宣言
22:     int cnt2 = 0;
23: %>
24: <p>データの出力</p>
25: <%= cnt1 %> : <%= cnt2 %><br>
26: <%= adding(cnt1, cnt2) %><br>
```

[手書き注記（05行目）: 省略]

[手書き注記（11〜19行目）: 宣部 / <%! %> 宣言部 ・メンバ変数の宣言、初期値の代入 ・メソッドの定義 例 クラスのイメージ]

[手書き注記（20〜23行目）: <% %> スクリプトレット]

[手書き注記（25〜26行目）: <%= %> 式 / メソッドの呼び出し]

[手書き注記（下部）: JSPの外 コード HTMLの入力テキストとして出力される。]

続く➡

103

CHAPTER 5　　JSPの基本を理解しよう

```
27: <%
28:     // 処理
29:     cnt1++;
30:     cnt2++;
31: %>
32: </body>
33: </html>
```
スクリプトレット（27〜31行目）

● 実行方法・結果

リスト5-2の実行手順は以下のとおりです。

1 ファイルの追加

画面下の「サーバー」タブを選択し、その中にある「ローカル・ホストのTomcat8(java8)」上で右クリックし❶、「追加および除去」を選択します❷。

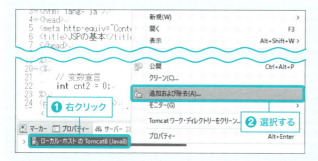

2 追加ファイルの選択

「追加及び除去」画面にある「<< すべて除去」ボタンをクリックし❶、「使用可能」欄から「Chapter05」を選択して「追加」ボタンをクリックし、「完了」ボタンをクリックします❷。

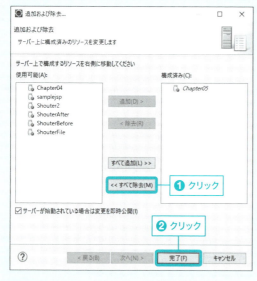

104

③ リソース除去の確認

サーバーからリソースを除去するかを聞かれますので「OK」をクリックします❶。

④ Tomcat サーバーの再開

「サーバー」タブを選択して「ローカル・ホストのTomcat8(java8)」上で右クリックし❶、「再開」を選択します❷。

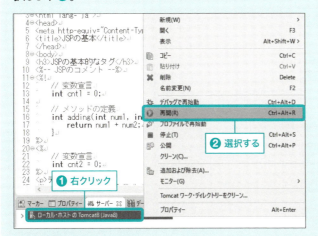

⑤ Webページの閲覧

ブラウザを起動し、以下のURLを入力し❶、表示結果を確認します。なお、「Chapter05」プロジェクトのコンテキスト・ルートは「c05」で設定しています。

```
http://localhost:8080/c05/basicjsp2.jsp
```

COLUMN

URLについて

本書ではサーバーとクライアントを同一コンピュータで扱っています。その場合のJSPファイルへアクセスする場合のURLは以下のとおりです。

http://サーバーホスト名:Tomcatのポート番号/コンテキストパス/jspファイル名

サーバーホスト名には、サーバーのIPアドレスやドメイン名を記述します。自身のコンピュータをサーバーとしてアクセスする場合は「localhost」とします。

Tomcatのポート番号は、デフォルトで8080になっています。インストール後に設定を変更しなければ、そのまま8080を指定します。

コンテキストとは、APサーバーで動作するWebアプリケーションのことです。またコンテキストパスは、その配置場所になります。動的Webプロジェクトを作成する際に「コンテキスト・ルート」の欄で指定できます（図5-A）。

●図5-A　URL

指定せずに作成した場合は、プロジェクト名がコンテキストパスになります。また図5-Aにある「コンテンツ・ディレクトリー」が外部からアクセスできる場所（「META-INF」と「WEB-INF」を除く）になります。

❻ 値の更新確認

ブラウザを更新（F5）するたびに、一部の値が変わることを確認できます。

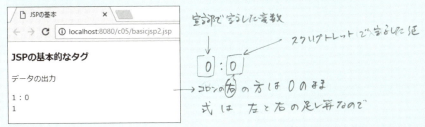

● コメントタグ

ここからJSPに記述できる基本的な各タグについて解説します。コメントタグの書式は以下のとおりです。

```
<%-- コメントの内容 --%>
```

リスト5-2では以下のように使用されています（**リスト5-3**）。

▼ **リスト5-3** リスト5-2でのコメント

```
10: <%-- JSPのコメント --%>
```

コメントに記述された内容は**プログラムに影響を与えず、クライアントからも見えない**ため、開発者に向けたメッセージとして残すことができます。

● 宣言タグ

宣言タグの書式は以下のとおりです。

```
<%! 変数宣言やメソッドの定義 %>
```

リスト5-2では以下のように使用されています（**リスト5-4**）。

▼ **リスト5-4** リスト5-2での宣言タグ

```
11: <%!
12:     // 変数宣言
13:     int cnt1 = 0;
14:
15:     // メソッドの定義
16:     int adding(int num1, int num2){
17:         return num1 + num2;
18:     }
19: %>
```

CHAPTER 5 JSPの基本を理解しよう

宣言タグでは変数宣言やメソッドの定義を行います。Javaではクラスのすぐ下に記述する部分に当たるため、計算式や基本制御構文などは記述できません。この宣言部に記述したものは**初めてJSPが呼び出されたときに1度だけ実行**されます。

※ 更新時には 実行されない！

● スクリプトレットタグ

スクリプトレットタグの書式は以下のとおりです。

```
<% 処理命令 %>
```

リスト5-2では以下のように使用されています(**リスト5-5**)。

20～23行目 27～31行目 のような処理

▼ リスト5-5　リスト5-2でのスクリプトレットタグ

```
27: <%= adding(cnt1, cnt2) %><br>
```

→ F5 更新するたび (ex. int 0 = 0; としていたら 毎回 値は 0 になる) F5押す

ここでは、**クライアントからリクエストがあるたびに動作する処理**を記述します。Javaではメソッドの中に記述するものですので、変数宣言や基本制御構文などを記述します。

● 式タグ

式タグの書式は以下のとおりです。

```
<%= 変数名や計算式など %>
```

リスト5-2では以下のように使用されています(**リスト5-6**)。

▼ リスト5-6　リスト5-2での式タグ

```
26: <%= cnt1 %> : <%= cnt2 %><br>
```

変数名や計算式を記述すると、変数が保持している値や計算結果を出力します。処理命令とは違い、セミコロン(;)は記述しませんので注意してください。

リスト5-2では、宣言で定義した「cnt1」とスクリプトレットで定義した「cnt2」の値を式で出力しています。その後、それぞれの値をインクリメントしていますが、**ブラウザを更新した際、宣言部は実行されないので「cnt1」の値は加算され、スクリプトレット部は再度実行されるので、「cnt2」は改めて0で初期化**されます。併せて、**式の中でメソッドを呼び出すと、戻り値の値が出力される**ことも確認してください。

108

5-3-2 ▶ ディレクティブ

JSPファイルの実行に必要になるディレクティブについて解説します。

● サンプルプログラム

ディレクティブとは、JSPファイルの設定をWebコンテナに伝えるための指示文のことです。

リスト5-7、リスト5-8は、ディレクティブを使ったサンプルプログラムです。

▼ リスト5-7　サンプルプログラム (basicjsp3.jsp)

```jsp
01: <%@ page language="java" contentType="text/html; charset=UTF-8"
     pageEncoding="UTF-8"%>
02: <%@ page import="java.util.Date,java.util.ArrayList"%>
03: <!DOCTYPE html>
04: <html lang="ja">
05: <head>
06: <meta http-equiv="Content-Type" content="text/html;
    charset=UTF-8">
07: <title>JSPの基本</title>
08: </head>
09: <body>
10: <h3>ディレクティブ</h3>
11: <%!
12:     // 変数宣言
13:     Date date = new Date();
14:     // 文字列型データのリスト
15:     ArrayList<String> list = new ArrayList<>();
16: %>
17: <p>データの出力</p>
18: <%= date %><br>
19: <%
20:     // 文字列をリストに追加
21:     list.add("株式会社");
22:     list.add("技術");
23:     list.add("評論社");
24:
25:     // リストのすべての要素にアクセス
26:     for(String s : list){
27: %>
28: <%= s %><br>
29: <%
30:     }
31: %>
32: <hr>
33: <%-- ファイルの取り込み --%>
34: <%@ include file="message.html" %>
```

続く➡

109

```
35:    </body>
36: </html>
```

▼リスト5-8　サンプルプログラム（message.html）

```
01: <h3>Hello World</h3>
```

● 実行方法・結果

Tomcatサーバーが起動していない場合は、5-3-1で解説した手順を参考に起動してください。

ブラウザを起動し、以下のURLを入力して表示結果を確認します（図5-2）。

```
http://localhost:8080/c05/basicjsp3.jsp
```

● 図5-2　サンプルプログラムの実行結果

● ディレクティブの書式

ディレクティブの書式は以下のとおりです。

```
<%@ ディレクティブ名 属性=値 属性=値 …… %>
```

ディレクティブ名には以下の3つを指定することができます。

- page
- include
- taglib

本書では、この中でpageディレクティブとincludeディレクティブについて解説します。

● pageディレクティブ

pageディレクティブでは、文字コードの指定やクラスのインポート宣言など、**JSPファイル全体に対する設定を記述**します。リスト5-7では、以下の個所で使用されています（リスト5-9）。

▼ リスト5-9　リスト5-7でのpageディレクティブ（その1）

```
01: <%@ page language="java" contentType="text/html; charset=UTF-8"
      pageEncoding="UTF-8"%>
```

リスト5-9で設定しているpageディレクティブの属性は**表5-1**のとおりです。

● 表5-1　pageディレクティブの属性（その1）

属性名	説明
language	JSPで記述する言語を指定する。値はjavaで固定
contentType	MIMEタイプと、出力する文字コードを指定する
pageEncoding	記述しているJSPファイルの文字コードを指定する。contentTypeのcharsetの値に合わせる

また、リスト5-7の2行目では、以下のようにpageディレクティブを設定しています（**リスト5-10**）。リスト5-10で設定している属性は**表5-2**のとおりです。

importができていないとエラー発生！

● 表5-2　pageディレクティブの属性（その2）

属性名	説明
import	Javaのimport宣言と同様、使用するクラスの完全クラス名を記述する。カンマ (,) 区切りで複数の指定が可能

● includeディレクティブ

includeディレクティブでは、記述した位置にテキスト・HTML・JSPファイルなどを読み込んで出力します。

リスト5-7では**リスト5-10**の個所でincludeディレクティブを設定しています。

▼ リスト5-10　リスト5-7でのincludeディレクティブ

```
34: <%@ include file="message.html" %>
```

リスト5-10で設定しているincludeディレクティブの属性は**表5-3**のとおりです。

● 表5-3　includeディレクティブ

属性名	説明
file	パスを含めたファイル名を指定する

またその他にプログラムでわかりづらいところとして繰り返しの書式があります。リスト5-7では以下の個所で使用されています（**リスト5-11**）。

▼ リスト5-11　リスト5-7での繰り返し

```
19: <%
20:     // 文字列をリストに追加
21:     list.add("株式会社");
22:     list.add("技術");
23:     list.add("評論社");
24:
25:     // リストのすべての要素にアクセス
26:     for(String s : list){
27: %>
28: <%= s %><br>
29: <%
30:     }
31: %>
```

リスト5-11をわかりやすく図にしたのが図5-3です。

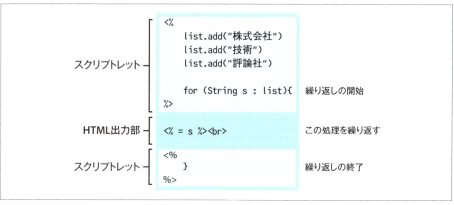

● 図5-3　リスト5-7の繰り返し部分

スクリプトをまたがって基本制御構文を記述することに注意し、文の構造を把握するようにしてください。

5-3-3　暗黙オブジェクト

● サンプルプログラム

　クラスを使用するためにはインスタンス化が必要ですが、JSPでは**内部でインスタンス化されており、すぐに使用できるオブジェクト**があります。これを「**暗黙オブジェクト**」と言います。

　リスト5-12は **Chapter 4** のリスト4-3（stylize.html）から変更した個所です。ここでは送信ボタンを押したときの遷移先を変更しています。

　リスト5-13は、暗黙オブジェクトを使ったサンプルプログラムです。

▼ リスト5-12　サンプルプログラム (stylize.htmlの変更個所)

```
18:  <form action="basicjsp4.jsp" method="post">
```

▼ リスト5-13　サンプルプログラム (basicjsp4.jsp)

```
01:  <%@ page language="java" contentType="text/html; charset=UTF-8"
     pageEncoding="UTF-8"%>
02:  <%@ page import="java.util.Date,java.util.ArrayList"%>
03:  <!DOCTYPE html>
04:  <html lang="ja">
05:  <head>
06:  <meta http-equiv="Content-Type" content="text/html; charset=UTF
     -8">
07:  <title>JSPの基本</title>
08:  </head>
09:  <body>
10:  <h3>暗黙オブジェクト</h3>
11:  <%
12:     // 文字化け対策
13:        request.setCharacterEncoding("UTF-8");
14:
15:        // 送信データの取得
16:        String userName = request.getParameter("userName");
17:        String pass = request.getParameter("pass");
18:        String gender = request.getParameter("gender");
19:        // チェックボックスは配列で取得
20: ★      String[] hobby = request.getParameterValues("hobby");
21:        String blood = request.getParameter("blood");
22:        String remarks = request.getParameter("remarks");
23:
24:        // 値の出力
25:        out.println("氏名 : " + userName + "<br>");
26:        out.println("パスワード : " + pass + "<br>");
27:        out.println("性別 : " + gender + "<br>");
28:        out.println("血液型 : " + blood + "<br>");
29:        out.println("備考 : " + remarks + "<br>");
30:        out.println("趣味 : ");
31:
32:        // 配列のすべての要素にアクセス
33:        if(hobby != null){
34:            for(String s : hobby){
35:  %>
36:        <%= s %> :
37:  <%
38:            }
39:        }
40:  %>
41:  </body>
42:  </html>
```

●実行方法・結果

Tomcatサーバーが起動していない場合は、5-3-1で解説した手順を参考に起動してください。

ブラウザを起動し、以下のURLを入力します（図5-4）。

```
http://localhost:8080/c05/stylize.html
```

● 図5-4　サンプルプログラムの実行結果

データを入力して送信ボタンをクリックすると、画面が遷移します（パスワードには「pass1」と入力しています）。入力した値が表示されていることを確認します（図5-5）。

● 図5-5　画面遷移後の表示

● 暗黙オブジェクトの種類

暗黙オブジェクトには以下の種類があります。

- request
- response
- out
- session
- application

本書では、requestオブジェクトとoutオブジェクトについて解説します。

● requestオブジェクト

requestオブジェクトとは、クライアントから送信されたリクエスト情報を管理するオブジェクトです。リスト5-13で扱っているメソッドは**表5-4**のとおりです。

● 表5-4 requestオブジェクトのメソッド

戻り値	メソッド名・引数	説明
void	setCharacterEncoding (String)	リクエスト情報の文字コードを引数で指定したものに設定する。特に日本語が送られてくる場合、文字化けする可能性があるので、正しい文字コードで忘れずに呼び出す
String	getParameter (String)	HTMLのコントロールで指定したname属性の値を引数に指定することで、value属性の値を取得できる
String[]	getParameterValues (String)	HTMLのコントロールがチェックボックスのように複数指定が可能なものは、このメソッドで取得する。name属性の値を引数に指定することで、選択されたすべてのvalue属性の値を配列として取得できる

リスト5-12 (stylize.html) のheadタグで文字コードをUTF-8に指定しているため、リスト5-13のsetCharacterEncodingメソッドでも同じものを引数としています (**リスト5-14**)。

▼ リスト5-14 リスト5-13での文字化け対策

```
13:  request.setCharacterEncoding("UTF-8");
```

また、リスト5-14の1行目のpageディレクティブのコンテンツタイプやページエンコード、headタグの文字コードも同じ文字コードに設定することで、システム全体の文字コードを統一し、文字化けの無いようにしています (**リスト5-15**)。

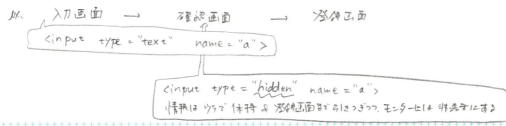

CHAPTER 5　JSPの基本を理解しよう

▼ **リスト5-15　リスト5-13での文字コードの統一**

```
01: <%@ page language="java" contentType="text/html; charset=UTF-8" pageEncoding
    ="UTF-8"%>
    (略)
06: <meta http-equiv="Content-Type" content="text/html; charset=UTF-8">
```

　HTMLのフォームに入力した値を取得するメソッドは、戻り値がString（もしくは
String[]）型となります、よって数値として扱うには、変換できるかのチェックと変換処
理が必要になります。

　また、引数で指定した値がコントロールのname属性と一致しない場合、もしくは
チェックボックスのように複数選択可能にしているもので1つも選択せずに送信した場
合は、nullが返るため、安全に使用するにはnullチェックを行ってください。

　　　　　　　　　　　↳ p113 の 33行目　if (hobby != null){}

● outオブジェクト

　outオブジェクトは、Javaの命令を用いてHTMLに出力するオブジェクトです。
リスト5-13で扱っているメソッドは表5-5のとおりです。

● **表5-5　outオブジェクトのメソッド**

戻り値	メソッド名・引数	説明
void	println （基本データ型やString型）	JavaのSystem.out.printlnメソッドと同じように扱う。 出力後の改行に関してはソースでの改行になり、brタグ に変換されるわけではないので注意が必要

　Javaのコード内でもHTMLを出力できることを確認しましたが、リスト5-7のように、
JSPの式を使って出力するほうがシンプルに記述できます。できるだけJSPの式を使う
ようにしましょう。

　　　　〈% =　　　%〉の 記述

要点整理

✔ JSPはHTMLをベースにJSPタグを用いてJavaの処理を記述できる

✔ HTMLと異なり、JSPでは条件によって動的に出力結果を変更できる

✔ JSPで頻繁に利用するオブジェクトは、暗黙的に定義されている

練習問題

問題1 図ex-1のように動的Webプロジェクトを作成し、JSPファイルを作成したとします。

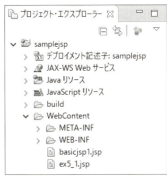

● 図ex_01 プロジェクト・エクスプローラー

コンテキスト・ルートが「sj」、コンテンツ・ディレクトリーは「WebContent」となっている場合、「ex5_1.jsp」にアクセスするURLを、次のうちから1つ選択してください。なお、サーバーの設定はChapter 5の本文と同一のものとします。

(A) http://localhost:8080/samplejsp/WebContent/ex5_1.jsp
(B) http://localhost:8080/sj/WebContent/ex5_1.jsp
(C) http://localhost:8080/samplejsp/ex5_1.jsp
(D) http://localhost:8080/sj/ex5_1.jsp

CHAPTER 5　JSPの基本を理解しよう

問題2　JSPファイルのbodyタグ内に以下のように記述したとします。

```
01: <%
02:     String message = "Hello JSP World!!";
03:     out.println(message);
04: %>
```

outオブジェクトを使わずにmessageの値を出力する方法を、次のうちから1つ選択してください。

(A)
```
01: <%
02:     String message = "Hello JSP World!!";
03: %>
04: <%= message + "<br>" %>
```

(B)
```
01: <%
02:     String message = "Hello JSP World!!";
03: %>
04: <%= message %>
```

(C)
```
01: <%
02:     String message = "Hello JSP World!!";
03: %>
04: <%= message + "<br>"; %>
```

(D)
```
01: <%
02:     String message = "Hello JSP World!!";
03: %>
04: <%= message; %>
```

CHAPTER 6

JSPを使いこなそう

　Chapter 5ではJSPの基本について学びました。本章では、JSPをさらに使いこなすためのアクションタグやJSPの簡易な記述方法について解説します。

本章のサンプルプログラム
本章で扱うサンプルは右の場所にあります。パッケージ・エクスプローラーにあるアイコンの「>」をクリックすると詳細を展開できます。ファイル名をダブルクリックすると、画面中央のエディタにプログラムが表示されます。

| 6-1 | アクションタグ | P.120 |
| 6-2 | 簡易なJSPの記述 | P.127 |

CHAPTER 6　JSPを使いこなそう

6-1 アクションタグ

ここでは、インクルードを実行する際に使用するアクションタグについて解説します。

新規 動的プロジェクト ＞ Chapter06 ＞ コンテキストルートは「c06」に指定.

6-1-1 ▶ インクルードによる処理の連携

インクルードとは、**JSPの中に別のファイルの内容を取り込むこと**です。インクルードを実行する方法として、**Chapter 5**で解説した「ディレクティブ」と、ここで解説する「**アクション**」の2つの方法があります。

● サンプルプログラム

リスト6-1と**リスト6-2**は、これらの違いを確認できるサンプルプログラムです。

▼ **リスト6-1　サンプルプログラム (appliedjsp1.jsp)**

```
01: <%@ page language="java" contentType="text/html; charset=UTF-8"
02:     pageEncoding="UTF-8"%>
03: <!DOCTYPE html>
04: <html lang="ja">
05: <head>
06: <meta http-equiv="Content-Type" content="text/html; charset=UTF-8">
07: <title>JSPを使いこなす</title>
08: </head>
09: <body>
10:     <h3>インクルードディレクティブ</h3>     Chaper05 のやり方
11:     <%@ include file="inc1.html" %>
12:
13:     <h3>インクルードアクション</h3>
14:     <jsp:include page="inc1.html"/>
15: </body>       属性名は file ではなく page ⚠ 最後の / 必ずつける! (スラッシュ)
16: </html>
```

▼ **リスト6-2　サンプルプログラム (inc1.html)**

```
01: インクルードされた!!
```

● 実行方法・結果

Tomcatサーバーが起動していない場合は、**5-2-2**で解説した手順を参考に起動してください。

ブラウザを起動し、以下のURLを入力して表示結果を確認します (図6-1)。

```
http://localhost:8080/c06/appliedjsp1.jsp
```

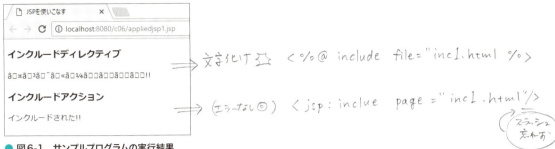

● 図6-1　サンプルプログラムの実行結果

インクルードディレクティブはChapter 5で触れましたが、**対象のファイルに日本語が記述されている場合、文字化け**してしまいます。対して、インクルードアクションは文字化けすることなく表示されています。

● アクションの書式

アクションの書式については以下のとおりです。

```
<jsp:include page="パスを含めたファイル名"/>
```

<jsp:から始まる書式は「アクションタグ」と呼ばれます。次のincludeの位置には他のものが入ることもありますが、随時解説していきます。

● サンプルプログラム

インクルードディレクティブの文字化けに対処するには、読み込むHTMLをJSPに書き換え、文字コードの措定を行う必要があります。

リスト6-1のプログラムの中で**リスト6-3**の個所を書き換え、**リスト6-4**のプログラムを新たに作成してみましょう。

▼ リスト6-3　リスト6-1を書き換える個所 (appliedjsp1.jsp)

```
11: <%@ include file="inc1.jsp" %>
    （略）
14: <jsp:include page="inc1.jsp"/>
```

▼ リスト6-4　サンプルプログラム (inc1.jsp)

```
01: <%@ page contentType="text/html;charset=UTF-8" %>
02: <%
03:     out.println("インクルードされた");
04: %>
```

● 実行方法・結果

Tomcatサーバーが起動していない場合は、**5-2-2**で解説した手順を参考に起動してください。

ブラウザを起動し、以下のURLを入力して表示結果を確認します（図6-2）。

`http://localhost:8080/c06/appliedjsp1.jsp`

● 図6-2　サンプルプログラムの実行結果

● 日本語データの処理

リスト6-3でインクルードするファイルはinc1.htmlというHTMLファイルでした。inc1.htmlは文字コードは設定されず、日本語で内容が記述されています。実行結果（図6-1）を確認すると、インクルードアクションのほうは文字化けしていませんが、インクルードディレクティブのほうは文字化けしています。

一方リスト6-4では、インクルードするファイルをinc1.jspに変更しています。inc1.jspでは文字コードを設定しています。実行結果（図6-2）を確認すると、インクルードディレクティブ、インクルードアクションとも文字化けしていないことが確認できます。

このように、インクルードディレクティブで取り込む対象に日本語のデータが存在する場合は、対象ファイルをJSP形式にして、その中で文字コードの設定を行うようにしてください。

● サンプルプログラム

ディレクティブとアクションには、もう1つ大きな違いがあります。**リスト6-5**と**リスト6-6**で確認してみましょう。なお、リスト6-6はEclipse上でエラー（×マーク）になっていますが、とくに問題はありません。

▼ リスト6-5　サンプルプログラム（appliedjsp2.jsp）

```
01: <%@ page language="java" contentType="text/html; charset=UTF-8"
02:     pageEncoding="UTF-8"%>
03: <!DOCTYPE html>
04: <html lang="ja">
05: <head>
06: <meta http-equiv="Content-Type" content="text/html; charset=UTF-8">
07: <title>JSPを使いこなす</title>
08: </head>
09: <body>
10:     <%
11:         int x = 100;
12:     %>
13:     <%@ include file="inc2.jsp" %>
14: </body>
15: </html>
```

▼ リスト6-6　サンプルプログラム（inc2.jsp）

```
01: <%@ page language="java" contentType="text/html; charset=UTF-8"
02:     pageEncoding="UTF-8"%>
03: <%
04:     out.println(x);
05: %>
```

● 実行方法・結果

Tomcatサーバーが起動していない場合は、**5-2-2**で解説した手順を参考に起動してください。

ブラウザを起動し、以下のURLを入力して表示結果を確認します（図6-3）。

`http://localhost:8080/c06/appliedjsp2.jsp`

● 図6-3　サンプルプログラムの実行結果

● インクルードディレクティブでの動作

インクルードディレクティブの場合、図6-3のように正常に実行できました。これはインクルードディレクティブでは、**ファイルの内容を取り込んでから実行するので、異なるファイルで定義した変数にも問題なくアクセス**することができるからです（図6-4）。

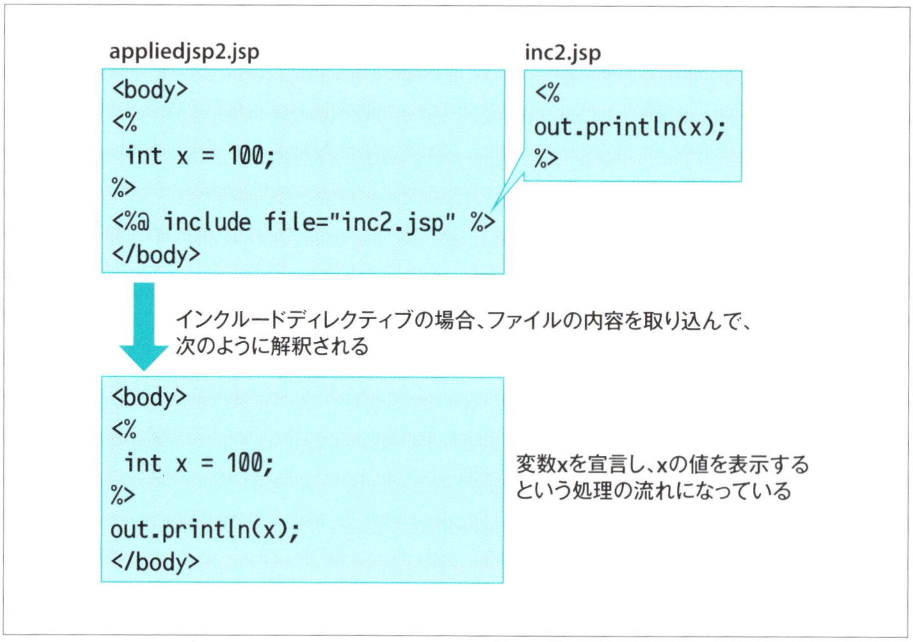

CHAPTER 6　JSPを使いこなそう

```
appliedjsp2.jsp                        inc2.jsp
<body>                                  <%
<%                                       out.println(x);
 int x = 100;                           %>
%>
<%@ include file="inc2.jsp" %>
</body>
```

インクルードディレクティブの場合、ファイルの内容を取り込んで、
次のように解釈される

```
<body>
<%
 int x = 100;          変数xを宣言し、xの値を表示する
%>                     という処理の流れになっている
out.println(x);
</body>
```

● 図6-4　インクルードディレクティブの動作

● サンプルプログラム

それではリスト6-5をインクルードアクションに変更してみるとどうなるでしょうか。
リスト6-7のようにインクルードディレクティブの個所をインクルードアクションに変
更してみましょう。

▼ リスト6-7　リスト6-5を書き換える個所（appliedjsp2.jsp）

```
13: <jsp:include page="inc2.jsp"/>
```

● 実行方法・結果

Tomcatサーバーが起動していない場合は、**5-2-2**で解説した手順を参考に起動し
てください。

ブラウザを起動し、以下のURLを入力して表示結果を確認します（図6-5）。

```
http://localhost:8080/c06/appliedjsp2.jsp
```

124

● 図6-5　サンプルプログラムの実行結果

● インクルードアクションでの動作

インクルードディレクティブをインクルードアクションに変更すると、図6-5のように例外が発生し、正常に実行できませんでした。この「JasperException」という例外は、「コンパイル時にJavaの文法に誤りがある」場合に発生するものです。

JSPもJavaを使った技術であるため、通常のJavaプログラムのようにコンパイルしてから実行します。インクルードアクションで実行した場合、インクルードディレクティブとは異なり**ファイルを別々にコンパイルして実行**します。これによって、異なるファイルに定義した変数にはアクセスできず、図6-5のようにエラーが発生してしまいます（図6-6）。

```
インクルードアクションの場合、ファイルごとにコンパイルを行う

appliedjsp2.jsp                inc2.jsp
<body>                         <%
<%                             out.println(x);
 int x = 100;                  %>
%>
<%@ include file="inc2.jsp" %>
</body>

変数xを宣言するだけの処理   どこにも宣言されていないxの値を
                            表示しようとしているため、エラーになる
```

● 図6-6　インクルードアクションの動作

6-1-2　フォワードによるページの遷移

アクションタグの中には、別のページへ処理をフォワード（転送）させるものがあります。

● サンプルプログラム

リスト6-8は、フォワードによるページの遷移を確認できるサンプルプログラムです。

CHAPTER 6　JSPを使いこなそう

▼ リスト6-8　サンプルプログラム（appliedjsp3.jsp）

```
01: <%@ page language="java" contentType="text/html; charset=UTF-8"
02:     pageEncoding="UTF-8"%>
03: <!DOCTYPE html>
04: <html lang="ja">
05: <head>
06: <meta http-equiv="Content-Type" content="text/html; charset=UTF-8">
07: <title>JSPを使いこなす</title>
08: </head>
09: <body>
10:     <h3>転送前</h3>
11:     <jsp:forward page="appliedjsp1.jsp"/>
12:     <h3>転送後</h3>
13: </body>
14: </html>
```

● **実行方法・結果**

Tomcatサーバーが起動していない場合は、5-2-2で解説した手順を参考に起動してください。

ブラウザを起動し、以下のURLを入力して表示結果を確認します（図6-7）。

http://localhost:8080/c06/appliedjsp3.jsp

● 図6-7　サンプルプログラムの実行結果

● **フォワードの書式**

フォワードの書式は以下のとおりです。

`<jsp:forward page="パスを含めたファイル名"/>`

リスト6-8では動作確認のためにあえて記述していますが、通常はフォワードの前後に出力処理を記述しません。**フォワードタグを処理したタイミングで、page属性に指定したファイルに転送**します。リスト6-8の場合は、転送先のappliedjsp1.jspに記述した内容が出力されています。

注意してほしい点は、**フォワードではページ自体が遷移するわけではない**ことです。リスト6-8の場合、リスト6-1（appliedjsp1.jsp）が出力されていますが、URLは元のappliedjsp3.jspになっています。

6-2 簡易なJSPの記述

ここでは、式言語やカスタムタグを利用したJSPの記述方法について解説します。

6-2-1 ▶ 式言語（EL式）の利用

● サンプルプログラム

リスト6-9、リスト6-10のサンプルプログラムで、JSPページ間のデータの受け渡し方法と、式言語の使用を確認してみましょう。なお、**Chapter 3**で扱ったUser.javaをChapter06フォルダの下のbeanパッケージに用意しています。

▼ リスト6-9　サンプルプログラム（appliedjsp4.jsp）

```
01: <%@ page language="java" contentType="text/html; charset=UTF-8"
02:     pageEncoding="UTF-8"%>
03: <%@ page import="bean.User"%>
04: <!DOCTYPE html>
05: <html lang="ja">
06: <head>
07: <meta http-equiv="Content-Type" content="text/html; charset=UTF-8">
08: <title>JSPを使いこなす</title>
09: </head>
10: <body>
11: <%
12:     User user = new User("yamada", "pass1", "山田　太郎");
13:     // リクエストオブジェクトに値を保存
14:     request.setAttribute("user", user);
15: %>
16: <jsp:forward page="appliedjsp5.jsp">
17:     <jsp:param name="value1" value="100"/>
18:     <jsp:param name="value2" value="200"/>
19: </jsp:forward>
20: </body>
21: </html>
```

▼ リスト6-10　サンプルプログラム（appliedjsp5.jsp）

```
22: <%@ page language="java" contentType="text/html; charset=UTF-8"
23:     pageEncoding="UTF-8"%>
24: <%@ page import="bean.User"%>
25: <!DOCTYPE html>
26: <html lang="ja">
```

続く➡

CHAPTER 6　JSPを使いこなそう

```
27: <head>
28: <meta http-equiv="Content-Type" content="text/html; charset=UTF-8">
29: <title>JSPを使いこなす</title>
30: </head>
31: <body>
32: <h3>JSP 基本的なタグの利用</h3>
33: <%
34:     // 送信情報の取得
35:     String message1 = request.getParameter("value1");
36:     String message2 = request.getParameter("value2");
37:
38:     // リクエストオブジェクトから値を取得
39:     User u = (User)request.getAttribute("user");
40:
41:     int number1 = Integer.parseInt(message1);
42:     int number2 = Integer.parseInt(message2);
43: %>
44: <%= message1 %> + <%= message2 %> = <%= (number1+number2) %><br>
45: ユーザー名 : <%= u.getUserName() %>
46: <hr>
47: <h3>式言語の利用</h3>
48: ${param.value1} + ${param.value2} = ${param.value1 + param.value2}<br>
49: ユーザー名 : ${user.userName}
50: </body>
51: </html>
```

● 実行方法・結果

Tomcatサーバーが起動していない場合は、**5-2-2**で解説した手順を参考に起動してください。

ブラウザを起動し、以下のURLを入力して表示結果を確認します（図6-8）。

http://localhost:8080/c06/appliedjsp4.jsp

● 図6-8　サンプルプログラムの実行

128

● 別のJSPファイルにデータを渡す

HTMLのフォームから別のJSPファイルへデータを渡す方法は**Chapter 5**で解説しましたが、リスト6-9では新たに、暗黙オブジェクトのrequestにあるメソッドを利用する方法とフォワードのアクションタグを利用する方法を紹介します。

まず暗黙オブジェクトのrequestにあるメソッドを利用して、オブジェクトの参照を渡します。書式は以下のとおりです。

```
request.setAttribute("属性名", 値)
```

これによりクライアントからのリクエスト情報に値を追加します。受け取り側のJSPファイルでは"属性名"を指定することで、**値の参照を取得する**ことができます。

もう1つはフォワードのアクションタグに値を設定して処理を転送する方法です。書式は以下のとおりです。

```
<jsp:forward page="パスを含む転送先のファイル名">
    <jsp:param name="パラメーター名" value="値"/>
</jsp:forward>
```

jsp:forwardタグの入れ子としてjsp:paramタグを記述します。リスト6-9の17～18行目のように、jsp:paramタグを複数記述することも可能です。受け取り側のJSPファイルでは"パラメーター名"を指定することで**値を文字列として取得**することができます。

jsp:forwardタグが解釈されるとリスト6-10（appliedjsp5.jsp）に転送されます。

リスト6-10では、JSPの基本的なタグで値を取得・出力する方法（44～45行目）と、式言語を使って値を取得・出力する方法（48～49行目）の2つを同時に記述しています。実行結果はまったく同じになりますが、プログラムの記述量を比較すると大きな違いがあることがわかります。

● パラメータの値を取得する

JSPの基本的なタグでjsp:paramの値を取得する方法は、**5-3-3**のサンプルプログラムで確認した、フォームの値を取得する方法と同じです。書式は以下のとおりです。

```
String 変数名 = request.getParameter("パラメーター名");
```

数値を受け取って計算に使う場合は、データ型を変換する必要があります。

また、requestオブジェクトにsetAttributeされた値の参照を取得する書式は以下のとおりです。

```
データ型 変数名 = (データ型)request.getAttribute("属性名");
```

request.getAttributeメソッドの戻り値はObject型になりますので、受け取る値のデータ型でキャストする必要があります。

CHAPTER 6　JSPを使いこなそう

以降の出力処理で新しいことはやっていませんが、HTMLの記述と複数の式（<%=
%>）を組み合わせて記述しているので、出力結果と見比べながら確認してください。

● 式言語の書式

次に式言語を使った方法を確認していきます。式言語はEL式とも呼ばれ、**より簡単
な記述で変数の値や演算結果を出力することができる記述方法**です。ここでは、式言語
の主な基本書式を4つ紹介します。

リスト6-10にはありませんが、以下のように指定した配列名の添字の要素を表示す
ることができます。

```
${ 配列名[添字] }
```

属性名を指定した場合は、request.getAttribute("属性名")の処理と同様の動作とな
ります。また取得したオブジェクトがBeanであった場合は、以下のようにフィールド
を指定することによって、そのフィールドのゲッターを呼び出すことが可能です。

```
${ 属性名.フィールド }
```

request.getParameter("パラメーター名")の処理と同様の動作となります。ただしリ
スト6-10の27行目のように取得した値が数値の場合は、加算などの演算は問題なく行
われます。

```
${ param.パラメーター名 }
```

リスト6-10の27行目で値の加算を実行していますが、式言語では**表6-1**にある演算
子を使用することができます。

```
${ 演算 }
```

● 表6-1　式言語で利用可能な演算子

演算子	記号
四則演算子	+、-、*、/、%
比較演算子	>、<、>=、<=、==、!=
論理演算子	&&、||、!

JSPの役割はHTMLをベースにした処理結果の出力ですので、Javaのプログラムは極
力記述せず、できるだけ簡易に記述するようにしましょう。

6-2-2 カスタムタグ（JSTL）の利用

　ここまでで、<jsp:include>や<jsp:forward>などのアクションタグを使用してきました。一方で**プログラマが独自に定義するアクションタグをカスタムタグ（JSTL）**と言います。

　JSTLは「Java Server Pages Tag Library」の略で、JSPでよく利用されるカスタムタグをライブラリとして公開したものです。ただし、EclipseやTomcatにJSTLは含まれていません。JSTLを使いたい場合は、以下のWebページからダウンロードする必要があります。

http://japache.infoscience.co.jp/apache/dist/jakarta/taglibs/standard/binaries/

● JSTLの導入方法

　JSTLの導入手順は以下のとおりです。なお、本書のサンプルコードにはJSTLをすでに適用していますので、以下の手順は不要です。

① 上記のWebページにアクセスし、zipファイルを選択してダウンロードする❶

② 解凍したフォルダのlibフォルダを開く❶

③ 「jstl.jar」と「standard.jar」をコピーし、使用するプロジェクトの「WebContent/WEB-INF/lib」に貼り付ける❶

CHAPTER 6 JSPを使いこなそう

● サンプルプログラム

リスト6-11は、JSTLの使い方を確認できるサンプルプログラムです。

▼ リスト6-11 サンプルプログラム (appliedjsp6.jsp)

```
01: <%@ page language="java" contentType="text/html; charset=UTF-8"
02:     pageEncoding="UTF-8"%>
03: <%@ page import="java.util.ArrayList,java.util.Date" %>
04: <%@ taglib prefix="c" uri="http://java.sun.com/jsp/jstl/core" %>
05: <%@ taglib prefix="fmt" uri="http://java.sun.com/jsp/jstl/fmt" %>
06: <!DOCTYPE html>
07: <html lang="ja">
08: <head>
09: <meta http-equiv="Content-Type" content="text/html; charset=UTF-8">
10: <title>JSPを使いこなす</title>
11: </head>
12: <body>
13: <%-- 変数宣言と値の代入 --%>
14: <c:set var="score" value="100"/>
15: <%-- 値の出力 --%>
16: 得点 : <c:out value="${score}"/><br>
17: <%-- 条件の判断 --%>
18: <c:if test="${score >= 0 && score <= 100 }">
19: 正しい値です<br>
20: </c:if>
21: <%-- 条件分岐 --%>
22: <c:choose>
23:     <c:when test="${score >= 80}">合格です<br></c:when>
24:     <c:when test="${score >= 60}">補欠合格です<br></c:when>
25:     <c:otherwise>不合格です<br></c:otherwise>
26: </c:choose>
27: <hr>
28: <%
29:     // 文字列型のリスト
30:     ArrayList<String> list = new ArrayList<>();
31:     // リストに追加
32:     list.add("Hello");
33:     list.add("JSP");
34:     list.add("World!!");
35:
36:     // リクエストオブジェクトに保存
37:     request.setAttribute("list", list);
38: %>
39: <%-- 繰り返し --%>
40: <c:forEach var="greed" items="${list}" varStatus="status">
41:     ${status.count} : ${greed} <br>
42: </c:forEach>
43: <hr>
44: <c:set var="money" value="1234567"/>
```

続く ➡

132

```
45: <%-- 書式指定 --%>
46: <fmt:formatNumber value="${money}" pattern="###,###" var="fmtMoney"/>
47: 書式指定なし ： ${money} 円<br>
48: 書式指定あり ： ${fmtMoney}円 <br>
49: <hr>
50: <%
51:     // 日付を管理するクラス
52:     Date date = new Date();
53:
54:     // リクエストオブジェクトに保存
55:     request.setAttribute("date", date);
56: %>
57: <%-- 書式指定 --%>
58: <fmt:formatDate value="${date}" pattern="y/MM/dd hh:m:s" var="fmtDate"/>
59: 書式指定なし ： ${date}<br>
60: 書式指定あり ： ${fmtDate} <br>
61: </body>
62: </html>
```

● 実行方法・結果

　Tomcatサーバーが起動していない場合は、**5-2-2**で解説した手順を参考に起動してください。

　ブラウザを起動し、以下のURLを入力して表示結果を確認します（図6-9）。

`http://localhost:8080/c06/appliedjsp6.jsp`

● 図6-9　サンプルプログラムの実行結果

CHAPTER 6　JSPを使いこなそう

● JSTLのライブラリの種類

JSTLのライブラリには**表6-2**の5つがあります。

● 表6-2　JSTLのライブラリの種類

ライブラリ	説明
core	変数宣言や基本制御構文など基本的な処理を行う
i18n	数値や日付などの処理を行う
function	文字列などの処理を行う
database	データベース操作に関する処理を行う
xml	XMLに関する処理を行う

　本書では表6-2のうち、基本制御構文などをタグで表現できる「core」ライブラリと、数値や日付書式をタグで指定する「i18n」ライブラリについて後述します。

● JSTLの書式

JSTLを使用するには、以下のように宣言します（**表6-3**）。

```
<%@ taglib prefix="接頭辞" uri="URI" %>
```

● 表6-3　各ライブラリに対応した接頭辞とURI

ライブラリ	接頭辞	URI
core	c	http://java.sun.com/jsp/jstl/core
i18n	fmt	http://java.sun.com/jsp/jstl/fmt
function	sql	http://java.sun.com/jsp/jstl/functions
database	x	http://java.sun.com/jsp/jstl/sql
xml	fn	http://java.sun.com/jsp/jstl/xml

リスト6-11では以下の個所で宣言しています（**リスト6-12**）。

▼ **リスト6-12　リスト6-11でのJSTLの宣言個所**

```
04: <%@ taglib prefix="c" uri="http://java.sun.com/jsp/jstl/core" %>
05: <%@ taglib prefix="fmt" uri="http://java.sun.com/jsp/jstl/fmt" %>
```

　これらの宣言後に対応したライブラリを使用することができるようになります。ライブラリを使用する書式は以下のとおりです。

```
<接頭辞:タグ名 属性1 ="値1" 属性2 ="値2" …… />
```

● coreライブラリ

coreライブラリは、変数宣言や基本制御構文など基本的な処理を簡易に記述できます。主なものは以降で紹介していきます。

<c:set>では変数に値を代入します。書式は以下のとおりです。

```
<c:set var="変数名" value="値"/>
```

サンプルプログラムでは、**リスト**6-13の個所で使用しています。

▼ **リスト6-13　リスト6-11での該当個所**

```
44: <c:set var="money" value="1234567"/>
```

すでに定義した変数である場合は値を上書き、存在しない変数名を記述した場合は、宣言と値の代入を行います。

<c:out>では値を出力します。書式は以下のとおりです。

```
<c:out value="${ 変数名 }"/><br>
```

サンプルプログラムでは、**リスト**6-14の個所で使用しています。

▼ **リスト6-14　リスト6-11での該当個所**

```
16: 得点 : <c:out value="${score}"/><br>
```

value属性に変数名をそのまま記述すると「文字列」として認識されてしまうので、式言語を使用して指定します。

<c:if>では、条件がtrueの時に処理を行います。書式は以下のとおりです。

```
<c:if test="${ 条件 }"> 処理 </c:if>
```

サンプルプログラムでは、**リスト**6-15の個所で使用しています。

▼ **リスト6-15　リスト6-11での該当個所**

```
18: <c:if test="${score >= 0 && score <= 100 }">
19: 正しい値です<br>
20: </c:if>
```

if文をタグで表記できます。出力の時と同様に、条件も式言語を使用して記述します。この記述では、else ifやelseは記述できないので、以下のタグを使用します。

<c:choose>では条件によって複数に分岐して処理を行います。書式は以下のとおりです。

CHAPTER 6　JSPを使いこなそう

```
<c:choose>
    <c:when test="${ 条件1 }"> 処理1 </c:when>
    <c:when test="${ 条件2 }"> 処理2 </c:when>
    ......
    <c:otherwise> すべての条件に一致しない時の処理 </c:otherwise>
</c:choose>
```

サンプルプログラムでは、**リスト**6-16の個所で使用しています。

▼ **リスト6-16　リスト6-11での該当個所**

```
01: <c:choose>
02:     <c:when test="${score >= 80}">合格です<br></c:when>
03:     <c:when test="${score >= 60}">補欠合格です<br></c:when>
04:     <c:otherwise>不合格です<br></c:otherwise>
05: </c:choose>
```

if-else if - else文をタグで表記できます。条件は1つ以上指定でき、<c:otherwise>も必須ではありません。

<c:forEach>では繰り返し処理を行います。書式は以下のとおりです。

```
<c:forEach var="変数名" items="${ 配列名またはコレクション名 }" varStatus=
"status">繰り返す処理</c:forEach>
```

サンプルプログラムでは、**リスト**6-17の個所で使用しています。

▼ **リスト6-17　リスト6-11での該当個所**

```
40: <c:forEach var="greed" items="${list}" varStatus="status">
41:     ${status.count} : ${greed} <br>
42: </c:forEach>
```

itemsで指定した配列またはコレクションに入っている要素（参照）を、varで指定した変数に代入して、タグ内の処理を繰り返します。

拡張for文と同様、繰り返し回数の記述は不要で、すべての要素を順番に取り出します。varStatus="status"の記述は必須ではありませんが、**表**6-4にあるような繰り返し中の状態を知ることができます。

● **表6-4　繰り返しの状態**

プロパティ	説明
count	現在の繰り返し回数（1から数え始める）
index	現在の繰り返し回数（0から数え始める）
current	varで指定した変数が参照しているオブジェクト

また、このタグは以下のように for 文のような繰り返しの記述も可能です。

```
<c:forEach var="カウンタ変数名" begin="カウンタ変数の開始値" end="カウンタ変数の
終了値" step="カウンタ変数の増分">繰り返す処理</c:forEach>
```

例えば単純にカウンタの値を出力する場合は、**リスト**6-18のような記述になります。

▼ **リスト6-18　forEachによる繰り返しの例**

```
<c:forEach var="i" begin="0" end="5" step="1">
    ${ i }
</c:forEach>
```

● i18nライブラリ

i18nライブラリは、数値や日付を書式指定して出力できます。主なものとして以降で紹介します。

<fmt:formatNumber>では、数値を書式指定して出力します。書式は以下のとおりです。

```
<fmt:formatNumber value="書式指定対象の数値" pettern="書式パターン" var="書
式してされた値が代入される変数名">
```

サンプルプログラムでは、**リスト**6-19の個所で使用しています。

▼ **リスト6-19　リスト6-11での該当個所**

```
46:  <fmt:formatNumber value="${money}" pattern="###,###" var="fmtMoney"/>
```

数値は直接記述しても、本サンプルのように値の入った変数を指定しても構いません。書式パターンで使用できる記号を**表**6-5に挙げています。

● **表6-5　<fmt:formatNumber>で使用可能な記号**

記号	説明
0	数値をそのまま出力する
#	数値をそのまま出力する。ただしゼロの場合は出力しない
カンマ (,)	金額等で使う桁区切りとして出力
ドット (.)	小数点の桁区切りとして出力
-	負の記号

<fmt:formatDate>では、日付や時間を書式指定して出力します。書式は以下のとおりです。

```
<fmt:formatDate value="書式指定対象の時刻" pattern="書式パターン"/>
```

サンプルプログラムでは、**リスト**6-20の個所で使用しています。

CHAPTER 6　JSPを使いこなそう

▼ リスト6-20　リスト6-11での該当個所

```
58:  <fmt:formatDate value="${date}" pattern="y/MM/dd hh:m:s" var="fmtDate"/>
```

<fmt:formatDate>では数値を直接記述しても、リスト6-14のように値の入った変数を指定しても構いません。

書式パターンで使用できる記号を表6-6に挙げています。

● 表6-6　<fmt:formatDate>で使用可能な記号

記号	説明
y	年
M	月
d	日
E	曜日
H	時（24時間表記）
h	時（12時間表記）
m	分
s	秒

「MM」のように2つ書くと、1桁の場合は先頭に0が付きます。「M」のように1つだけ書くと、1桁の場合は先頭に0が付きません。

JSPはHTMLをベースとした結果表示用のページですので、スクリプトレットなどを用いてJavaのコードを記述するよりも、アクションタグやJSTLを用いてHTMLの書式に合わせた方が、見通しの良いコードになります。

要点整理

✔ インクルードやフォワードを用いて、他のHTMLやJSPファイルと連携ができる

✔ EL式やカスタムタグを用いてJavaの処理を簡略化して記述できる

138

練 習 問 題

問題1 「test1.jsp」から「test2.jsp」へ処理を転送します。その際、パラメーター名「hello」に値「Java」を指定して渡した場合はアクションタグの記述がどのようになるか、次のうちから1つ選択してください。

（A）
```
01: <jsp:forward page="test2.jsp">
02:  <jsp:param name="hello" value="Java"/>
03:  </jsp:forward>
```

（B）
```
01: <jsp:forward page="test2.jsp">
02:  <jsp:parameter name="hello" value="Java"/>
03:  </jsp:forward>
```

（C）
```
01: <jsp:include page="test2.jsp">
02:  <jsp:param name="hello" value="Java"/>
03:  </jsp:include>
```

（D）
```
01: <jsp:include page="test1.jsp">
02:  <jsp:parameter name="hello" value="Java"/>
03:  </jsp:include>
```

問題2 次のようなプログラムがあるとします。

```
01: <%
02:  int floor = 1;
03:
04:  if(floor == 1){
05:   out.println("食料品売場です<br/>");
06:  }else if(floor == 2){
07:   out.println("化粧品売場です<br/>");
08:  }else if(floor == 3){
09:   out.println("婦人服売場です<br/>");
10:  }else{
11:   out.println("紳士服売場です<br/>");
12:  }
13: %>
```

CHAPTER 6 　JSPを使いこなそう

　　JSTLを用いて書き換えた場合、どのようなプログラムになるでしょうか。
次のうちから１つ選択してください。

（A）

```
01:  <c:set var="floor" value="1"/>
02:  <c:if>
03:  <c:elseif test="${floor == 1}">食料品売場です<br/></c:elseif>
04:  <c:elseif test="${floor == 2}">化粧品売場です<br/></c:elseif>
05:  <c:elseif test="${floor == 3}">婦人服売場です<br/></c:elseif>
06:  <c:else>紳士服売場です<br/></c:else>
07:  </c:if>
```

（B）

```
01:  <c:set var="floor" value="1"/>
02:  <c:select>
03:  <c:case test="${floor == 1}">食料品売場です<br/></c:case>
04:  <c:case test="${floor == 2}">化粧品売場です<br/></c:case>
05:  <c:case test="${floor == 3}">婦人服売場です<br/></c:case>
06:  <c:default>紳士服売場です<br/></c:default>
07:  </c:select>
```

（C）

```
01:  <c:set var="floor" value="1"/>
02:  <c:switch>
03:  <c:case test="${floor == 1}">食料品売場です<br/></c:case>
04:  <c:case test="${floor == 2}">化粧品売場です<br/></c:case>
05:  <c:case test="${floor == 3}">婦人服売場です<br/></c:case>
06:  <c:default>紳士服売場です<br/></c:default>
07:  </c:switch>
```

（D）

```
01:  <c:set var="floor" value="1"/>
02:  <c:choose>
03:  <c:when test="${floor == 1}">食料品売場です<br/></c:when>
04:  <c:when test="${floor == 2}">化粧品売場です<br/></c:when>
05:  <c:when test="${floor == 3}">婦人服売場です<br/></c:when>
06:  <c:otherwise>紳士服売場です<br/></c:otherwise>
07:  </c:choose>
```

CHAPTER

7

サーブレットの基本を
理解しよう

　本章では、サーブレットやJSPを学習する前に押さえておくべきJava
の基本文法などについて解説します。

本章のサンプルプログラム
本章で扱うサンプルは右の場所にあります。
パッケージ・エクスプローラーにあるアイコンの
「>」をクリックすると詳細を展開できます。ファ
イル名をダブルクリックすると、画面中央のエ
ディタにプログラムが表示されます。

```
∨ 🗂 Chapter07
  > 🗐 デプロイメント記述子: Chapter07
  > 🐏 JAX-WS Web サービス
  ∨ 🗁 Java リソース
    ∨ 🗁 src
      ∨ ⊞ pack
        > 🗐 TestServlet.java
      ∨ ⊞ section7_3
        > 🗐 BasicServlet1.java
    > 📕 ライブラリー
  > 📕 JavaScript リソース
  > 📂 build
  ∨ 📂 WebContent
    > 📂 css
    > 📂 fonts
    > 📂 META-INF
    > 📂 WEB-INF
    📄 stylize.html
```

7-1	サーブレットの概要	P.142
7-2	サーブレットの作成と実行	P.143
7-3	データの送受信	P.158

CHAPTER 7　サーブレットの基本を理解しよう

7-1 サーブレットの概要

ここでは、サーブレットとは何かを理解していきましょう。

7-1-1　サーブレットとは

　サーブレットはJSPと同様に、アプリケーション（以下、AP）サーバー上で動的なページを作成するJavaの技術です。Javaのプログラムと同様に拡張子は「.java」で保存します。またそれを動作させるには、JSPと同様にWebコンテナ（サーブレットコンテナ）が必要になります。
　Chapter 5とChapter 6で学習した**JSPも実はサーブレットに変換されてから動作**しているのです。

7-1-2　サーブレットの作成ルール

　JSPでは、クライアントからファイル名を指定して実行結果を表示させていました。一方サーブレットでは、**クライアントが指定したURLをweb.xmlが解釈し、それに対応したサーブレットを実行**します。よってサーブレットを作成する際は、web.xmlも同時に作成します（図7-1）。
　サーブレットのバージョンによっては、アノテーションという機能を用いることでweb.xmlの記述を省略できますが、本書ではそれぞれの方法について確認していきます。

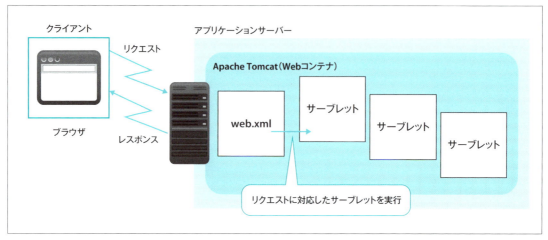

● 図7-1　サーブレットの構成

7-2 サーブレットの作成と実行

ここでは、サーブレットの作成と実行の手順について解説します。

7-2-1 サーブレットの作成

Eclipse上でサーブレットを作成する場合は、プロジェクトを作成するところから始まります。

● サーブレット用プロジェクトの作成

❶ 新規プロジェクトの選択

Eclipseを起動して「ファイル」メニューを選択し、「新規」-「動的Webプロジェクト」を選択します❶。

❷ プロジェクト名の入力

「動的Webプロジェクト」画面の「プロジェクト名」に「sampleservlet」と入力し❶、「次へ」をクリックします❷。

Chapter07

❸ Java画面

「Java」画面は何もせずに「次へ」をクリックします❶。

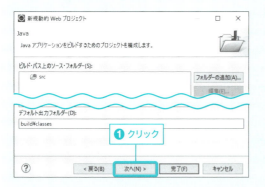

❹ コンテキスト・ルートの設定

「Webモジュール」画面の「コンテキスト・ルート」に「ss」と入力します❶。なお、「sampleservlet」と入力されている場合は「ss」に変更してください。「web.xmlデプロイメント記述子の生成」にチェックを入れ❷、「完了」をクリックします❸。

❺ プロジェクト作成の確認

画面左の「プロジェクト・エクスプローラー」に「sampleservlet」プロジェクトができていることを確認してください。

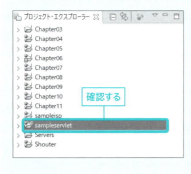

● サーブレットファイルの新規作成

ここまでで、サーブレットのプロジェクトを作成できました。次にサーブレットのファイルを作成していきます。

❶ 新規Javaパッケージの作成

画面左の「プロジェクト・エクスプローラー」にある「sampleservlet」―「Javaリソース」を開いて、その下にある「src」上で右クリックし❶、「新規」―「パッケージ」を選択します❷。

❷ 新規Javaパッケージ名の入力

「Javaパッケージ」画面の「名前」欄に「pack」と入力し❶、「完了」をクリックします❷。

❸ サーブレットの作成

「プロジェクト・エクスプローラー」にある「pack」の上で右クリックし❶、「新規」の「サーブレット」を選択します❷。

CHAPTER 7　サーブレットの基本を理解しよう

4　サーブレット名の入力

「サーブレット作成」画面の「クラス名」に「TestServlet」と入力し❶、「次へ」をクリックします❷。

5　URLマッピングの編集

「サーブレット作成」画面の「URLマッピング」欄にある「/TestServlet」を選択し❶、右側にある「編集」をクリックします❷。出てきた「URLマッピング」画面の「パターン」に「/test」と入力し❸、「OK」をクリックします❹。元の画面に戻ったら「次へ」をクリックします。

❻ 修飾子などの設定

次の「サーブレット作成」画面では、定義するコンストラクタやメソッドを指定できますが、ここではそのまま「完了」をクリックします❶。

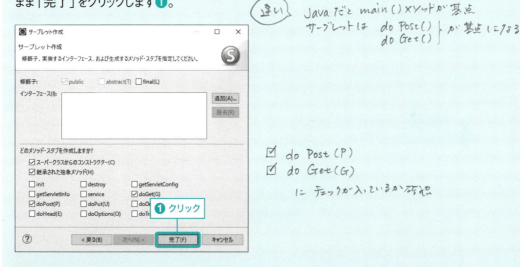

❼ プログラムの書き換え

画面中央のエディタに「TestServlet.java」ファイルが開きます。class定義の上にある「@WebServlet("/test")」を削除し（**リスト7-1**）(注1)、「doGet」メソッドに元々記述されているものを削除し、**リスト7-2**のように書き換えます。

 TIPS (注1) 配布しているサンプルコードではすでに削除しています。

CHAPTER 7　サーブレットの基本を理解しよう

▼リスト7-1　サンプルプログラムの変更箇所（TestServlet.java、変更前）

```
12: /**
13:  * Servlet implementation class TestServlet
14:  */
15: @WebServlet("/test")     ← この行を削除する
16: public class TestServlet extends HttpServlet {
```

▼リスト7-2　サンプルプログラムの変更箇所（TestServlet.java、変更後）

```
29: protected void doGet(HttpServletRequest request, HttpServlet
    Response response) throws ServletException, IOException {
30:     String message = "Hello Servlet World!!";
31:     PrintWriter out = response.getWriter();
32:
33:   out.println("<html lang='ja'>");     // 属性値は ' ' で囲む
34:     out.println("<head>");
35:     out.println("<title>Test Servlet</title>");
36:     out.println("</head>");
37:     out.println("<body>");
38:     out.println("<h3>"+ message +"</h3>");
39:     out.println("</body>");
40:     out.println("</html>");
41: }
```
（書き換える）

7-2-2　web.xmlの記述

「プロジェクト・エクスプローラー」の「WebContent」「WEB-INF」にある「web.xml」を開いて画面左下の「ソース」を選択し❶、web-appタグ内を図7-2の内容に書き換えます。

● 図7-2　web.xmlの変更

7-2-3 サーブレットの実行

7-2-2でサーブレットを作成してみました。ここではこのサーブレットを実行してみましょう。

❶ 追加および除去画面の選択

「サーバー」タブにある「ローカル・ホストのTomcat8(java8)」上で右クリックし❶、「追加および除去」を選択します❷。

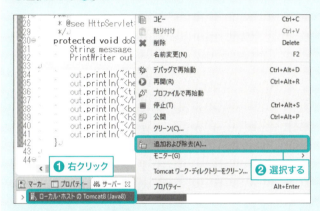

❷ プロジェクトの追加および除去

画面中央右「構成済み」欄のプロジェクトを「すべて除去」をクリックし❶、画面中央左の「使用可能」欄から「sampleservlet」を選択して「追加」をクリックします❷。「完了」ボタンを押すと「サーバーからリソースを除去しますか?」のメッセージが出たら「OK」をクリックしてください(注2)。

 TIPS　(注2) この画面で「このメッセージを再び表示しない」にチェックを入れると、以降は出てこなくなります。

CHAPTER 7　サーブレットの基本を理解しよう

❸ Tomcatサーバーの開始

「サーバー」タブにある「ローカル・ホストのTomcat8(java8)」上で右クリックし❶、「開始」を選択します❷。

❹ サーバー起動の確認

Tomcatサーバーが起動し、状態が[始動済み、同期済み]になっていることを確認します。

❺ Webページの閲覧

ブラウザを起動し、以下のURLを入力して表示結果を確認します。

http://localhost:8080/ss/test
　　　　　　　　　　　/c07/test

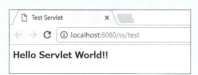

7-2-4 ▶ サーブレットの動作と構成

簡単なサーブレットが実行できましたので、ここではサーブレットがどのように動作しているのか確認していきましょう。

● URLの書式

クライアントが入力するURLの書式は以下のとおりです。

`http://localhost:8080/コンテキストパス/URLパターン`

コンテキストパスまでは、JSPで解説した内容と同じです。**URLパターンを解決し、実行するサーブレットを決めるのがweb.xml**というファイルです。

● リクエストとweb.xml

web.xmlの構成は図7-3のようになっています。

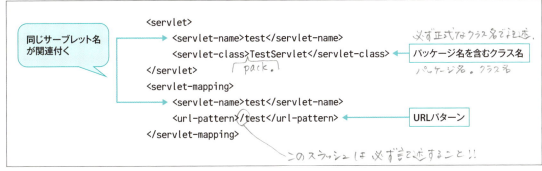

● 図7-3　web.xmlの構成

　XMLはeXtensible Markup Languageの略で、HTMLによく似たマークアップ言語です。HTMLがブラウザ上の表示を中心としたタグで構成されているのに対し、XMLはデータを管理するためのタグで構成され、タグ名も自分で定義して用途を決めることができます。
　web.xmlはサーブレットを動作させるための設定ファイルとして開発環境から提示されており、使用できるタグ名も決められています。
　web.xmlは、大きく分けてservletタグとservlet-mappingタグの2種類のタグで構成されています。クライアントからのリクエストに記述されたURLパターンと一致するものをweb.xmlのservlet-mappingにあるurl-patternタグから探します。
　一致するものが見つかった場合は、同じservlet-mappingタグ内のservlet-nameタグの値と一致するものをservletタグのservlet-nameタグから探します。ここでも一致するものが見つかった場合は、同じservletタグのservlet-classに指定したクラスの内容を実行します。

servlet-nameの値は任意ですが、URLパターンとクラスを関連付ける重要な役割を担っていますので、間違いないように記述してください。

● サーブレットが呼び出すメソッド

web.xmlで関連付けられたサーブレットのクラスは、以下の順番で呼び出されます。

- init
- service
- destroy

initメソッドは最初に実行したときの1度のみ、destroyメソッドは一定時間リクエストがない場合、もしくはTomcatを終了したときの1度のみ呼び出されます。

その間にリクエストがあるたびにserviceメソッドが呼び出され、その処理によってdoGetメソッドやdoPostメソッドが呼び出されます（図7-4）。

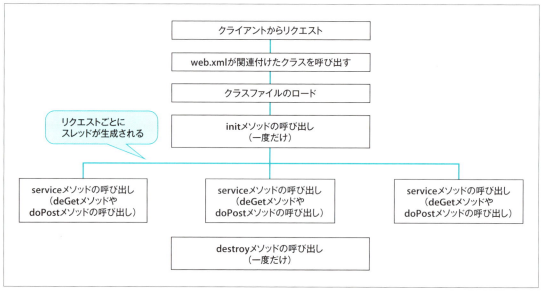

● 図7-4　サーブレットのライフサイクル

● doGetメソッドとdoPostメソッド

serviceメソッドが呼び出したdoGetメソッドとdoPostメソッドは、クライアントからの要求によってどちらが呼び出されるかが変わります。例えばdoPostメソッドは「HTMLのフォームでpost送信を指定したとき」のみ呼び出します。

```
<form action="URLパターン" method="post">
```

それに対し、doGetメソッドではいくつか呼び出す方法がありますが、ここではそのうち3つ紹介します。

1つは「HTMLのフォームでget送信を指定したとき」、もう1つは「ブラウザにURLを入力してアクセスしたとき」、最後は「HTMLのリンクタグのhref属性にURLパターンを入力したとき」です。

先ほど実行したサンプルプログラムでは、ブラウザにURLを入力してアクセスしたので、doGetメソッドのほうが呼ばれます。

● **サーブレットの構成**

サーブレットの大枠は自動生成されますが、それらについてもポイントを押さえておきましょう。

まず最初はクラスの定義です。書式は以下のとおりです。

```
public class クラス名 extends HttpServlet { }
```

サーブレットはHttpServletクラスを継承して作成されます。initメソッドやserviceメソッドなど、サーブレットの動作に必要なメソッドは親クラスで定義され、必要なメソッドだけをオーバーライド(注3)すれば良いようになっています。

doGetメソッドとdoPostメソッドを定義する場合は以下の書式となります。

```
protected void doGet(HttpServletRequest request, HttpServletResponse response) throws ServletException, IOException { }
```

```
protected void doPost(HttpServletRequest request, HttpServletResponse response) throws ServletException, IOException { }
```

この2つのメソッドは名前が異なるだけで、修飾子や戻り値、引数リストなどはすべて同じです。ここで重要となるのが次に解説する2つの引数です。

第1引数のrequestにはクライアントから送られた情報が入ります。例えば、フォームに入力した値などがHttpServletRequestオブジェクトとして生成されてWebコンテナから渡されます。

同様に第2引数のresponseにはクライアントへの返却情報が入ります。例えば、結果の出力データなどがHttpServletResponseオブジェクトとして生成され、Webコンテナから渡されます。

これらのオブジェクトがどう使われているかは、サンプルプログラムのdoGetメソッドの処理で確認していきましょう。

(注3) 継承元のクラスで定義しているメソッドを、継承先のクラスで再定義することです。継承元が持つ機能を無理なく拡張するための記述法です。

CHAPTER 7　サーブレットの基本を理解しよう

● doGetメソッドの処理

本サンプルでは、結果の出力のみを行っています。結果を返却するには第2引数のresponse（HttpServletResponseオブジェクト）に書き込む必要があります。書き込む準備を行う書式は以下のとおりです。

```
PrintWriter 変数名 = response.getWriter();
```

「変数名」には、responseに文字データを書き込むためのストリームが代入されます。これ以降でprintlnやprintメソッドを使って、クライアントに返すHTMLデータを出力していきます。

なお、HTMLデータは文字列として指定しますので、属性値を囲むダブルクォーテーション（""）はシングルクォーテーションにしています（**リスト7-3**）。

▼ リスト7-3　クライアントに返すHTML

```
33:    out.println("<html lang='ja'>");         // 属性値は ' ' で囲む
```

ブラウザ上で右クリックして「ページのソースを表示」などを選択すると、サンプルプログラムのHTMLソースを表示できます（**図7-5**）。

● 図7-5　出力結果のソース

printlnメソッドの引数に渡した文字列がそのまま表示されています。このことからサーブレットからの出力結果は、ブラウザのソースで表示される内容を記述していることわかります。

ただし**Chapter 6**で学習したように、結果の出力はJSPで行いますので、出力処理の内容よりもresponseの役割について理解しておけば良いでしょう。

● アノテーション

<u>アノテーション</u>とは「注釈」の意味で、その意味通りJavaのプログラムに注釈を付ける際に使用します。

注釈というとコメントをまずイメージするかもしれません。アノテーションとコメントでは、以下の点で異なることを理解しておいてください。

- 書式が決まっているため、不特定多数の人が見ても理解しやすい
- コンパイラや実行環境に影響を与えることができる

＞ コメントとは異なる！
アノテーション（注釈）

サンプルプログラムでは、web.xmlの記述を省略できるアノテーションを使用しています。sampleservletプロジェクトに対して、以下のように変更してください。

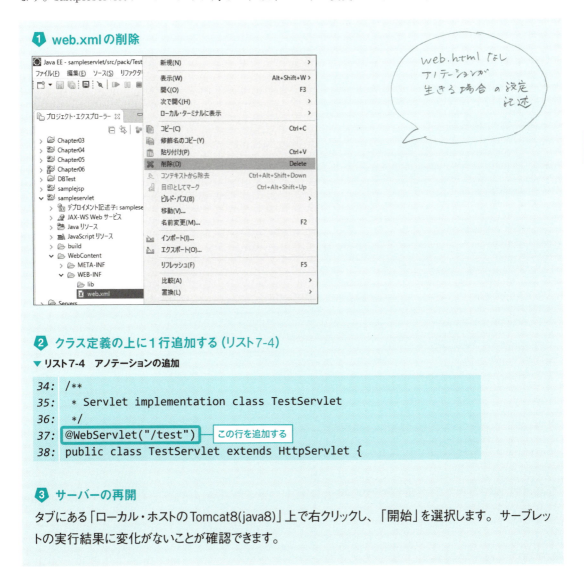

● アノテーションの書式

「@WebServlet("/test")」のように、@から始まっている行がアノテーションです。書式は以下のとおりです。

@WebServlet(URLパターン)

上記のように記述すると、( )に記述したURLパターンと、その下のクラスの関連付

けを行います。

　アノテーション機能はJava Servlet 3.0より採用され、Eclipseではサーブレット作成時に自動的に記述されるためweb.xmlの記述も不要になりますが、どちらの存在も理解しておくと良いでしょう。

7-2-5　主なサーブレットのエラー

　ここでは、学習を始めたばかりの頃によく遭遇するサーブレットのエラーを見ていきましょう。

● URLを間違えた

　先ほどブラウザに入力した「http://localhost:8080/ss/test」というURLを「http://localhost:8080/ss1/test」というように、わざと間違えて入力してアクセスすると、図7-6のような画面が出てきます。

●図7-6　サーブレットのエラー

　「HTTPステータス 404」と表示されていることが確認できます。この「404」は**HTTPステータスコード**と呼ばれるWebサーバーのエラーを示す数字です。これはURLとして入力したリクエストに対し、それに対応したページが見つからないときに出るコードです。

　400番台は主にサーバーの設定や動作に関するHTTPステータスコードです。特に「404エラー」はよく遭遇するエラーですので覚えておくと良いでしょう。

● プログラムを間違えた

　次にサンプルプログラムの「PrintWriter out = response.getWriter();」を「PrintWriter out = null;」と書き換えて、サーブレットを実行してみてください。図7-7のような画面が出てきます。

● 図7-7　サーブレットのエラー

　「HTTPステータス500」と表示されていることが確認できます。この「500」はプログラムの文法が間違っているなどして、サーブレットが正常に動作せず例外が発生したときに出るコードです。

　500番台は主にプログラムに関するHTTPステータスコードですので、もし発生した場合は、まずプログラムの記述などを確認するようにしてください。

COLUMN

Javaの標準アノテーション

　JavaSEで提供されているアノテーションを標準アノテーションと言います。標準アノテーションの種類は表7-Aのとおりです。

● 表7-A　Javaの標準アノテーション

アノテーション	説明
@Override	すぐ下に定義したメソッドが、スーパークラスのメソッドをオーバーライドしたものであると宣言する。もしメソッドや引数の記述に誤りがあった場合、コンパイラが警告を出してくれる
@Deprecated	すぐ下に定義したメソッドが、非推奨であると宣言する。このメソッドを呼び出した場合、コンパイラが警告を出してくれる
@SuppressWarnings	すぐ下に定義したメソッド内でコンパイラが警告を出すような処理をした場合、警告を出さないようにする。非推奨のメソッドを意図的に呼び出しているときに記述する

CHAPTER 7 サーブレットの基本を理解しよう

7-3 データの送受信

ここでは、サーブレットを使ったデータの送受信をサンプルプログラムを実行して確認します。

7-3-1 フォームデータの受信

　HTMLのフォームから送信されたデータをサーブレットで受け取るサンプルプログラムを実行してみましょう。以下が作成時のポイントとなります。

・**サーブレットのURLパターン**

　サンプルプログラムで扱うBasicServlet1.javaを作成する際、URLパターンを「/bs1」としています。

・**stylize.html**

　Chapter 4で解説したものと同じ入力フォームです。送信ボタンを押したときの遷移先のみ、リスト7-5のように修正しています。なお、action属性の値は、同一階層からの指定になりますので、先頭にスラッシュ (/) は記述しません（もしくは相対パス指定として「./bs1」と記述）。

▼ リスト7-5　stylize.htmlの修正個所

```
<form action="bs1" method="post">
```

上記の点を反映したサンプルプログラムがリスト7-6となります。

▼ リスト7-6　サンプルプログラム (BasicServlet1.java、一部抜粋)

```
15:  @WebServlet("/bs1")
16:  public class BasicServlet1 extends HttpServlet {
     (略)
38:      protected void doPost(HttpServletRequest request, HttpServletResponse
     response) throws ServletException, IOException {
39:          // 送信情報の取得
40:          String userName = request.getParameter("userName");
41:          String pass = request.getParameter("pass");
42:          String gender = request.getParameter("gender");
43:          // チェックボックスは配列で取得
44:    ★    String [] hobby = request.getParameterValues("hobby");
```
続く➡

158

```
45:        String blood = request.getParameter("blood");
46:        String remarks = request.getParameter("remarks");
47:
48:        // HTML 出力準備
49:   ★    PrintWriter out = response.getWriter();
50:
51:        out.println("<html lang='ja'>");
52:        out.println("<head>");
53:        out.println("<title>Test Servlet</title>");
54:        out.println("</head>");
55:        out.println("<body>");
56:        out.println("Name : " + userName + "<br>");
57:        out.println("Password : " + pass + "<br>");
58:        out.println("Gender : " + gender + "<br>");
59:        out.println("Blood Type : " + blood + "<br>");
60:        out.println("Remarks : " + remarks + "<br>");
61:        out.println("Hobby : ");
62:
63:        // 配列のすべての要素にアクセス
64:        if(hobby != null){
65:          for(String s : hobby){
66:            out.println(s + ":");
67:          }
68:        }
69:
70:        out.println("</body>");
71:        out.println("</html>");
72:      }
```

● **実行方法**

これまでと同様の方法で「サーバー」タブにある「ローカル・ホストのTomcat8(java8)」に「Chapter07」プロジェクトを「構成済み」欄へ追加、サーバーを起動します。そしてブラウザを起動し、以下のURLを(注4)入力してフォームを表示してください。

http://localhost:8080/c07/stylize.html

● **実行結果**

上記URLを実行すると、図7-8の会員情報入力フォーム画面が表示されます。データを入力して「送信」をクリックすると、画面が遷移し、入力した値が表示されていることを確認できます(図7-9)。

(注4) Chapter07プロジェクトのコンテキスト・ルートは「c07」で設定しています。

● 図7-8　会員情報入力フォーム画面

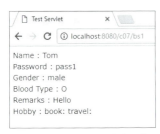

● 図7-9　遷移後の会員情報入力フォーム画面

　フォームから送信されるデータを受け取るのは、JSPで学習した命令をそのまま使います。**JSPで暗黙オブジェクトとして扱ったrequestは、サーブレットでは第1引数で受け取るHttpServletRequestオブジェクトのこと**だとわかります。

7-3-2 受信データの文字化け対策

リスト7-6を実行して「ユーザ名」と「備考」に日本語を入力すると、図7-10のように日本語が文字化けしてしまっています。

● 図7-10 日本語が文字化けしている

これは、クライアントとサーバーの文字コードが合致していないために発生する現象です。

サーブレットでは、文字化け対策のメソッドも用意されています。先頭にリスト7-7のように2行追加して再度実行してみましょう。

▼ リスト7-7　サンプルプログラム (BasicServlet1.java、追加後)

```
38:  protected void doPost(HttpServletRequest request, HttpServletResponse
     response) throws ServletException, IOException {
39:      request.setCharacterEncoding("UTF-8");                     追加する
40:      response.setContentType("text/html;charset=UTF-8");        追加する
41:
42:      //送信情報の取得
43:      String userName = request.getParameter("userName");
44:      String pass = request.getParameter("pass");
45:      String gender = request.getParameter("gender");
```

(38行目注記: 第1引数、第2引数)

● 実行方法

これまでと同様の方法で「サーバー」タブにある「ローカル・ホストのTomcat8(java8)」に「Chapter07」プロジェクトを「構成済み」欄へ追加、サーバーを起動します。そしてブラウザを起動し、以下のURLを入力してフォームを表示してください。

http://localhost:8080/c07/stylize.html

● 実行結果

上記URLを実行すると、図7-11のように正常に日本語が表示されていることがわかります。

CHAPTER 7　サーブレットの基本を理解しよう

● 図7-11　サンプルプログラムの実行

● 文字コード

リスト7-7で追加した1行目は、リクエストオブジェクトに格納されているデータの文字コードを指定する命令です。書式は以下のとおりです。

第1引数名.setCharacterEncoding("文字コード");

文字コードは送信元のページ（本章ではstylize.html）で設定した文字コードに合わせること、getParameterメソッドを使用する前に呼び出しておくことが重要になります。

追加した2行目は、レスポンスオブジェクトにコンテンツタイプを指定する命令です。文字化けを防ぐために、コンテンツタイプに文字コードの情報を付与して設定します。書式は以下のとおりです。

第2引数名.setContentType("text/html;charset=文字コード");

コンテンツタイプに関して、返却するデータがHTML形式の場合は「text/html」を指定します。さらに文字コードを指定するにはセミコロン(;)で続けて記述します。printlnメソッドなどの出力命令より前に呼び出しておくことが重要になります。

ここで押さえておきたいポイントは、**日本語を含むデータの送受信は文字化けの可能性があること**、**リクエストとレスポンス、ともに文字化け対策をする必要がある**ことです。

要点整理

- ✓ サーブレットを実行するためには、URLを解釈してクラスを関連付ける仕組みが必要である
- ✓ 関連付けの仕組みはweb.xmlを用意する方法と、サーブレットにアノテーションを記述する方法がある
- ✓ HTML形式のファイルとデータを送受信する際は、文字化け対策をしておく必要がある

練 習 問 題

問題1　動的プロジェクトを「myproject」とい名前で作成し、コンテキスト・ルートを「my」にしました。

同プロジェクトのJavaリソースにパッケージ「mypack」を作成し、その直下にサーブレットのクラス「MyPj」を作成しました。

以下のURLで作成したサーブレットを実行する際、アノテーションをどのように記述すれば良いか、次のうちから1つ選択してください。

```
http://localhost:8080/my/mypj
```

（A）
```
@WebServlet("/mypack.MyPj")
```

（B）
```
@WebServlet("/MyPj")
```

（C）
```
@WebServlet("/mypack.mypj")
```

（D）。
```
@WebServlet("/mypj")
```

問題2　HTMLファイルのフォームからサーブレットへデータを送信します。フォームコントロールは、次の2つとします。

```
学生名：<input type="text" name="student">
得点：<input type="text" name="score">
```

サーブレットのdoPostメソッドでデータを受け取る場合の正しい命令を、次のうちから1つ選択してください。なお、HTMLファイルの文字コードはUTF-8で、学生名には日本語が入力されます。

7

サーブレットの基本を理解しよう

163

(A)
```java
protected void doPost(HttpServletRequest request, HttpServlet
Response response) throws ServletException, IOException {
    request.setCharacterEncoding("UTF-8");

    String studentName = request.getParameter("student");
    int studentScore = request.getParameter("score");
}
```

(B)
```java
protected void doPost(HttpServletRequest request, HttpServlet
Response response) throws ServletException, IOException {
    request.setCharacterEncoding("UTF-8");

    String studentName = request.getParameter("student");
    String studentScore = request.getParameter("score");
}
```

(C)
```java
protected void doPost(HttpServletRequest request, HttpServlet
Response response) throws ServletException, IOException {
    response.setCharacterEncoding("UTF-8");

    String studentName = request.getParameter("student");
    int studentScore = request.getParameter("score");
}
```

(D)
```java
protected void doPost(HttpServletRequest request, HttpServlet
Response response) throws ServletException, IOException {
    response.setCharacterEncoding("UTF-8");

    String studentName = request.getParameter("student");
    String studentScore = request.getParameter("score");
}
```

CHAPTER 8

サーブレットを使いこなそう

Chapter 7ではサーブレットの基本について学びました。本章ではサーブレットを使いこなすためのポイントを解説します。

本章のサンプルプログラム

本章で扱うサンプルは右の場所にあります。パッケージ・エクスプローラーにあるアイコンの「>」をクリックすると詳細を展開できます。ファイル名をダブルクリックすると、画面中央のエディタにプログラムが表示されます。

8-1	さまざまなデータの利用法	P.166
8-2	サーブレットの連携	P.182

CHAPTER 8　サーブレットを使いこなそう

8-1 さまざまなデータの利用法

サーブレットを使用するには、クッキーやセッションの理解が必要です。
これらについて解説していきます。

8-1-1 ▶ クッキーの利用

　クッキー（Cookie）とは、**Webサーバーからクライアントのコンピュータ（ブラウザ）にデータを保存できる機能**です。そのデータの内容としてクライアントのログイン履歴や利用回数などがあります。これによって、Webサーバーからクライアントを識別することができるようになります。

　クッキーは、通常はクライアントがブラウザを閉じるまでの間で有効となりますが、有効期間を設定することで、1ヵ月、1年間など長期にわたって有効にすることもできます。

● サンプルプログラム

　リスト8-1とリスト8-2のサンプルプログラムで簡単なクッキーの利用方法について確認しましょう。

▼ リスト8-1　サンプルプログラム（ServletCookie1.java、一部抜粋）

```
17: @WebServlet("/sc1")
18: public class ServletCookie1 extends HttpServlet {
    （略）
32:     protected void doGet(HttpServletRequest request, HttpServletResponse
    response) throws ServletException, IOException {
33:         // 文字化け対策
34:         request.setCharacterEncoding("UTF-8");
35:         response.setContentType("text/html;charset=UTF-8");
36:
37:         // クッキーを取得
38:         Cookie[] cookies = request.getCookies();
39:         String uName = "";
40:
41:         // クッキーの存在チェック
42:         if(cookies != null){
43:             for (Cookie data : cookies){
44:                 if ("username".equals(data.getName())){
45:                     uName = data.getValue();
46:                     uName = URLDecoder.decode(uName, "UTF-8");
```
続く➡

166

```
47:            }
48:          }
49:        }
50:
51:        // HTML 出力準備
52:        PrintWriter out = response.getWriter();
53:
54:        out.println("<html lang='ja'>");
55:        out.println("<head>");
56:        out.println("<title>クッキーの利用</title>");
57:        out.println("</head>");
58:        out.println("<body>");
59:        out.println("<form action='sc2' method='post'>");
60:        out.println("<table border='1' class='table'>");
61:        out.println("<tr>");
62:        out.println("<th><label for='userName'>ユーザ名</label></th>");
63:        out.println("<td><input type='text' name='userName' id='userName'
   value='"+ uName +"'></td>");
64:        out.println("</tr>");
65:        out.println("<tr>");
66:        out.println("<th><label for='cookieCheck'>ユーザ名を保存する</label></
   th>");
67:        out.println("<td><input type='checkbox' name='cookieCheck' id=
   'cookieCheck' value='save'></td>");
68:        out.println("</tr>");
69:        out.println("<tr>");
70:        out.println("<td colspan='2' style='text-align:right'><input type=
   'submit' value='送信'></td>");
71:        out.println("</tr>");
72:        out.println("</table>");
73:        out.println("</form>");
74:        out.println("</body>");
75:        out.println("</html>");
76:    }
```

▼ リスト8-2　サンプルプログラム（ServletCookie2.java、一部抜粋）

```
17: @WebServlet("/sc2")
18: public class ServletCookie2 extends HttpServlet {
   (略)
40:    protected void doPost(HttpServletRequest request, HttpServletResponse
   response) throws ServletException, IOException {
41:        // 文字化け対策
42:        request.setCharacterEncoding("UTF-8");
43:        response.setContentType("text/html;charset=UTF-8");
44:
45:        // 送信情報の取得
46:        String userName = request.getParameter("userName");
47:        // 文字エンコード
```

続く➡

CHAPTER 8　サーブレットを使いこなそう

```java
48:            userName = URLEncoder.encode(userName, "UTF-8");
49:            String cookieCheck = request.getParameter("cookieCheck");
50:
51:            // クッキーの取得
52:            Cookie[] cookies = request.getCookies();
53:            Cookie cookie = null;
54:
55:            // クッキーの存在チェック
56:            if(cookies != null){
57:                for (Cookie data : cookies){
58:                    if ("username".equals(data.getName())){
59:                        uName = data.getValue();
60:                        uName = URLDecoder.decode(uName, "UTF-8");
61:                    }
62:                }
63:            }
64:
65:            // 値の保存にチェックが入っていたら
66:            if("save".equals(cookieCheck)){
67:                if(cookie != null){
68:                    // クッキーの値を更新
69:                    cookie.setValue(userName);
70:                }else{
71:                    // 新規にクッキーを作成
72:                    cookie = new Cookie("username", userName);
73:                }
74:            }else{
75:                if (cookie != null){
76:                    cookie.setValue("");
77:                }else{
78:                cookie = new Cookie("username", "");
79:                }
80:            }
81:            // クッキーをクライアントに保存
82:            response.addCookie(cookie);
83:
84:            // HTML 出力準備
85:            PrintWriter out = response.getWriter();
86:
87:            out.println("<html lang='ja'>");
88:            out.println("<head>");
89:            out.println("<title>クッキーの利用</title>");
90:            out.println("</head>");
91:            out.println("<body>");
92:            out.println("<h3>クッキーを設定しました</h3>");
93:            out.println("<a href='sc1'>元のページに戻る</a>");
94:            out.println("</body>");
95:            out.println("</html>");
96:    }
```

● **実行方法**

サーブレットの実行については **7-2-3** を参照してください。ここでは、構成済みプロジェクトとして「Chapter08」を追加します。なお、「Chapter08」プロジェクトのコンテキスト・ルートは「c08」で設定しています。

サーバーを起動し、状態が[始動済み、同期済み]になっていることを確認してから、ブラウザを起動し、以下のURLを入力します❶（図8-1）。

`http://localhost:8080/c08/sc1`

● 図8-1　サンプルプログラムの実行

● **実行結果**

図8-1が表示されたら、「ユーザ名」に「山田太郎」と入力❶、「ユーザ名を保存する」にチェックを入れ❷、「送信」をクリックします❸（図8-2）。

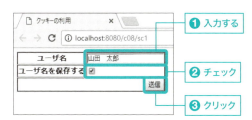

● 図8-2　情報の入力

実行すると図8-3の画面に遷移します。この画面にある「元のページに戻る」というリンクをクリックします❶。

● 図8-3　図8-2の実行結果

元のページに戻りますので、入力した値（ここでは「山田太郎」）がユーザ名に残っていることが確認できます（図8-4）。

● 図8-4　入力した情報が残っている

● クッキーの書式

　先ほどのサンプルプログラムでは、URLを入力してサーブレットにアクセスすると、リスト8-1（ServletCookie1.java）のdoGetメソッドが動作します。クッキーは「クッキー名＝値」という形式でいくつでも保存可能ですので、1つ1つの値を取り出すためには、クッキーを丸ごと取得する必要があります。

　クッキーを取得する書式は以下のとおりです。

`Cookie[] 変数名 = HttpServletRequestの引数名.getCookies();`

　Cookie型のオブジェクトに対し、getNameメソッドでクッキー名を、getValueメソッドで値を取得できます。

　サンプルプログラムでは、Cookie配列のすべての要素にアクセスし、userNameというクッキー名があれば値を取り出し、UTF-8の文字コードでデコードしています（リスト8-3）。

▼ リスト8-3　リスト8-1でのクッキーの取り出し

```
42: if(cookies != null){
43:     for (Cookie data : cookies){
44:         if ("username".equals(data.getName())){
45:             uName = data.getValue();
46:             uName = URLDecoder.decode(uName, "UTF-8");
47:         }
48:     }
49: }
```

　リスト8-1の46行目で行われているデコード処理は、値が全角文字列の場合の対処になります。書式は以下のとおりです。戻り値はString型となります。

`URLDecoder.decode(文字列, "文字コード")`

　リスト8-1の54行目以降はHTMLの出力処理を記述していますが、この中で重要なのは**リスト8-4**の1行です。

▼ **リスト8-4　リスト8-1での入力欄の値の反映**

```
63:  out.println("<td><input type='text' name='userName' id='userName' value='"+
     uName +"'></td>");
```

テキスト入力欄のvalue属性に値を指定すると、出力時に初期値としてテキスト入力欄に値が反映されます。サンプルプログラムでは、クッキーに値がある場合はその値、無い場合は空文字を指定しています。よって初回に読み込んだ際の出力結果には影響が与えません。「送信」をクリックすると処理が転送され、リスト8-2（ServletCookie2. java）のdoPostメソッドが動作します。

クッキーに全角文字の値を入れる際はエンコードを行う必要があります。書式は以下のとおりです。戻り値はString型となります。

```
URLEncoder.encode(文字列, "文字コード")
```

リスト8-2では、文字列の半角・全角に関わらずエンコードを行っています（**リスト8-5**）。

▼ **リスト8-5　リスト8-2でのエンコードの処理**

```
48:  userName = URLEncoder.encode(userName, "UTF-8");
```

またエンコードした文字列は、同じ文字コードでデコードして元の値に戻す必要があります。リスト8-1の46行目で行っていたデコードは、リスト8-5と対になる処理です。

その後、クッキーを丸ごと取得してクッキー名「userName」のものがあれば、そのオブジェクトの参照を変数に代入しておきます。この時点でクッキーがあれば、そのオブジェクトの参照、無い場合はnullが変数cookieに代入されています（**リスト8-6**）。

▼ **リスト8-6　リスト8-2でのクッキーの存在をチェック**

```
56:  if(cookies != null){
57:      for (Cookie data : cookies){
58:          if ("username".equals(data.getName())){
59:              cookie = data;
60:          }
61:      }
62:  }
```

続いて、チェックボックスにチェックが入っていた場合、ユーザ名を保存します。このとき、対象のオブジェクトがある場合は値の更新、なければクッキーオブジェクトを新規作成します（**リスト8-7**）。

CHAPTER 8　サーブレットを使いこなそう

▼ リスト8-7　リスト8-2でのチェックを確認してクッキーを更新・作成

```
65:  if("save".equals(cookieCheck)){
66:      if(cookie != null){
67:          // クッキーの値を更新
68:           cookie.setValue(userName);
69:      }else{
70:          // 新規にクッキーを作成
71:          cookie = new Cookie("username", userName);
```

クッキーを新規作成する書式は以下のとおりです。

```
new Cookie("クッキー名", 値)
```

また、クッキーの値を更新する書式は以下のとおりです。

```
クッキーオブジェクト.setValue(値)
```

　チェックボックスにチェックが入っていない場合は、同様に空文字を入れています。プログラムの実行結果だけではわかりませんが、クライアントのコンピュータに値が保存されていることと、処理の流れを理解しておいてください。

8-1-2 ▶ セッションの利用

● サンプルプログラム

　セッションはクッキーと異なり、サーバー側でデータを保持するオブジェクトです。詳細は**8-1-3**で触れますが、ここでは、値の受け渡しを中心にサンプルプログラムを確認していきましょう（**リスト8-8**、**リスト8-9**）。

▼ リスト8-8　サンプルプログラム (ServletSession1.java、一部抜粋)　*第1画面のためのプログラム*

```
16:  @WebServlet("/ss1")
17:  public class ServletSession1 extends HttpServlet {
(略)
31:      protected void doGet(HttpServletRequest request, HttpServletResponse
response) throws ServletException, IOException {
32:          // 文字化け対策
33:          request.setCharacterEncoding("UTF-8");
34:          response.setContentType("text/html;charset=UTF-8");
35:
36:          // セッションオブジェクトの取得
37:          HttpSession session = request.getSession();
38:          // セッションから値を取得
39:          String uName = (String) session.getAttribute("username");
40:
41:          if(uName == null){
42:              uName = "";
```

スラッシュ等 不要なコードを入力するとエラー！

キャスト

取り出されるのは オブジェクト型

String型にキャストする。

nullの時では判断できないので 空文字として処理

続く➡

172

```
43:        }
44:
45:        // HTML 出力準備
46:        PrintWriter out = response.getWriter();
47:
48:        out.println("<html lang='ja'>");
49:        out.println("<head>");
50:        out.println("<title>セッションの利用</title>");
51:        out.println("</head>");
52:        out.println("<body>");
53:        out.println("<form action='ss2' method='post'>");
54:        out.println("<table border='1' class='table'>");
55:        out.println("<tr>");
56:        out.println("<th><label for='userName'>ユーザ名</label></th>");
57:        out.println("<td><input type='text' name='userName' id='userName'
    value='"+uName+"'></td>");
58:        out.println("</tr>");
59:        out.println("<tr>");
60:        out.println("<th><label for='sessionCheck'>ユーザ名を保存する</label></
    th>");
61:        out.println("<td><input type='checkbox' name='sessionCheck' id=
    'sessionCheck' value='save'></td>");
62:        out.println("</tr>");
63:        out.println("<tr>");
64:        out.println("<td colspan='2' style='text-align:right'><input type=
    'submit' value='送信'></td>");
65:        out.println("</tr>");
66:        out.println("</table>");
67:        out.println("</form>");
68:        out.println("</body>");
69:        out.println("</html>");
70:    }
```

(手書きメモ: 第2画面の2回目のときに → doPost())
(手書きメモ: 第2画面 post送信)
(手書きメモ: 39行目で取得(保存)されていた値をテキストボックスの中に表示)
(手書きメモ: チェックボックス ON の状態は save とする)

▼ リスト8-9　サンプルプログラム（ServletSession2.java、一部抜粋）

(手書きメモ: 第2画面のためのプログラム SS2)

```
16: @WebServlet("/ss2")
17: public class ServletSession2 extends HttpServlet {
    (略)
39:     protected void doPost(HttpServletRequest request, HttpServletResponse
    response) throws ServletException, IOException {
40:         // 文字化け対策
41:         request.setCharacterEncoding("UTF-8");
42:         response.setContentType("text/html;charset=UTF-8");
43:
44:         // 送信情報の取得
45:         String userName = request.getParameter("userName");
46:         String sessionCheck = request.getParameter("sessionCheck");
47:
48:         // セッションオブジェクトの取得
```

(手書きメモ: Formから受け取った値を変数に代入)

続く➡

```
49:        HttpSession session = request.getSession();
50:
51:        if("save".equals(sessionCheck)){
52:            // セッションに値を保存
53:            session.setAttribute("username", userName);
54:        }else{
55:            session.setAttribute("username", "");
56:        }
57:
58:        // HTML 出力準備
59:        PrintWriter out = response.getWriter();
60:
61:        out.println("<html lang='ja'>");
62:        out.println("<head>");
63:        out.println("<title>セッションの利用</title>");
64:        out.println("</head>");
65:        out.println("<body>");
66:        out.println("<h3>セッションを設定しました</h3>");
67:        out.println("<a href='ss1'>元のページに戻る</a>");
68:        out.println("</body>");
69:        out.println("</html>");
70:    }
```

● 実行方法

サーブレットの実行については **7-2-3** を参照してください。サーバーを起動し、状態が[始動済み、同期済み]になっていることを確認してから、ブラウザを起動し、以下のURLを入力します❶（図8-5）。

`http://localhost:8080/c08/ss1`

● 図8-5　サンプルプログラムの実行

● 実行結果

図8-5が表示されたら、「ユーザ名」に「山田太郎」と入力❶、「ユーザ名を保存する」にチェックを入れ❷、「送信」をクリックします❸（図8-6）。

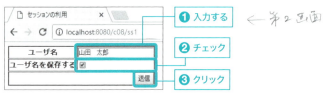

● 図8-6　情報の入力

実行すると図8-7の画面に遷移します。この画面にある「元のページに戻る」というリンクをクリックします❶。

● 図8-7　図8-6の実行結果

元のページに戻りますので、入力した値（ここでは「山田太郎」）がユーザ名に残っていることが確認できます（図8-8）。

● 図8-8　入力した情報が残っている

● セッションの書式

先ほどのサンプルプログラムでは、URLを入力してサーブレットにアクセスすると、リスト8-8（ServletSession1.java）のdoGetメソッドが動作します。

セッションオブジェクトは、リクエストオブジェクトが持つメソッドを呼び出して取得します。書式としては以下のとおりです。戻り値はHttpSession型となります。

HttpServletRequestの引数名.getSession()

サンプルプログラムでは、**リスト8-10**でリクエストオブジェクトが持つメソッドを呼び出して取得しています。

▼ リスト8-10　リスト8-8でのセッションオブジェクト

```
37:    HttpSession session = request.getSession();
```

セッションもクッキーと同様に、**セッション名と値を指定して受け渡し**を行います。セッションから値を受け取る書式は以下のとおりです。戻り値はObject型もしくはnullとなります。

(データ型)HttpSessionのオブジェクト.getAttribute("*セッション名*")

指定したセッション名が存在する場合はObject型が戻りますので、格納した値の型にキャストして受け取ります。存在しない場合はnullが戻ります。

CHAPTER 8 サーブレットを使いこなそう

サンプルプログラムではユーザ名を格納しますので、取り出すときはString型ですが、nullの場合は空文字を変数uNameに代入しています（リスト8-11）。

▼ リスト8-11 リスト8-8でのセッションから値を受け取り

```
39: String uName = (String) session.getAttribute("username");
40:
41: if(uName == null){
42:     uName = "";
43: }
```

46行目以降ではリスト8-1と同様に、テキスト入力欄のvalue属性にuNameを指定して出力しています。セッションに値を格納する前に動作していますので、初回読み込み時の出力結果には影響がありません。

「送信」をクリックすると処理が転送され、リスト8-9（ServletSession2.java）のdoPostメソッドが動作します。チェックボックスのチェックの有無によって格納する値は異なっていますが、行っている処理は同じです。

セッションオブジェクトに値を格納する書式は以下のとおりです。

*HttpSession*のオブジェクト.setAttribute("*セッション名*", *値*)

サンプルプログラムでは、リスト8-12でセッションオブジェクトに値を格納しています。

▼ リスト8-12 リスト8-9でのセッションオブジェクトに値を格納

```
51: if("save".equals(sessionCheck)){
52:     // セッションに値を保存
53:     session.setAttribute("username", userName);
54: }else{
55:     session.setAttribute("username", "");
56: }
```

セッションではクッキーとは異なり、文字エンコード・デコードを行う必要がありません。また既にオブジェクトが存在するかどうかのチェックも必要ありませんが、あくまでサーバー側で値を保持していることを理解しておいてください。

8-1-3 初期化パラメータの利用

● サンプルプログラム

Webアプリケーション実行時にweb.xmlに記述した初期値を読み込むことができます。リスト8-13とリスト8-14のサンプルプログラムで初期化パラメータの利用について確認しましょう。

176

▼ リスト8-13　サンプルプログラム（ServletInit.java、一部抜粋）

```
18:  private String message; メソッドの外にある. ≒ クラス直下の メンバ変数
     (略)              init() メソッド --- 初期処理 (一度だけ呼び出されるメソッド)    → p152
                                                                              図7-4
30:     public void init(ServletConfig config) throws ServletException {     参照
31:         super.init(config);
32:         // 初期化パラメータの取得
33:         message = config.getInitParameter("message");
34:     }
     (略)
39:     protected void doGet(HttpServletRequest request, HttpServletResponse
     response) throws ServletException, IOException {
40:         // 文字化け対策
41:         request.setCharacterEncoding("UTF-8");
42:         response.setContentType("text/html;charset=UTF-8");
43:         // HTML 出力準備
44:         PrintWriter out = response.getWriter();
45:
46:         out.println("<html lang='ja'>");                    Javaのコード内で
47:         out.println("<head>");                              HTMLのタグを出力
48:         out.println("<title>セッションの利用</title>");
49:         out.println("</head>");
50:         out.println("<body>");
51:         out.println("<form action='ss2' method='post'>");
52:         out.println("<table border='1' class='table'>");
53:         out.println("<tr>");
54:         out.println("<th><label for='userName'>ユーザ名</label></th>");
55:         out.println("<td><input type='text' name='userName' id='userName'
     value='"+ message +"'></td>");
56:         out.println("</tr>");
57:         out.println("<tr>");
58:         out.println("<th><label for='sessionCheck'>ユーザ名を保存する</label></
     th>");
59:         out.println("<td><input type='checkbox' name='sessionCheck' id=
     'sessionCheck' value='save'></td>");
60:         out.println("</tr>");
61:         out.println("<tr>");
62:         out.println("<td colspan='2' style='text-align:right'><input type=
     'submit' value='送信'></td>");
63:         out.println("</tr>");
64:         out.println("</table>");
65:         out.println("</form>");
66:         out.println("</body>");
67:         out.println("</html>");
68:     }
```

▼ リスト8-14　サンプルプログラム（web.xml）

```
01: <?xml version="1.0" encoding="UTF-8"?>
02: <web-app xmlns:xsi="http://www.w3.org/2001/XMLSchema-instance" xmlns="http://
```

続く➡

8

サーブレットを使いこなそう

CHAPTER 8　サーブレットを使いこなそう

```
        xmlns.jcp.org/xml/ns/javaee" xsi:schemaLocation="http://xmlns.jcp.org/xml/
        ns/javaee http://xmlns.jcp.org/xml/ns/javaee/web-app_3_1.xsd" id="WebApp_ID"
        version="3.1">
03: <servlet>
04:     <servlet-name>sinit</servlet-name>
05:     <servlet-class>section8_1.ServletInit</servlet-class>
06:     <init-param>
07:         <param-name>message</param-name>
08:         <param-value>Input your name</param-value>
09:     </init-param>
10: </servlet>
11: <servlet-mapping>
12:     <servlet-name>sinit</servlet-name>
13:     <url-pattern>/sinit</url-pattern>
14: </servlet-mapping>
15: </web-app>
```

●実行方法・結果

サーブレットの実行については **7-2-3** を参照してください。サーバーを起動し、状態が[始動済み、同期済み]になっていることを確認してから、ブラウザを起動し、以下のURLを入力します❶（図8-9）。

```
http://localhost:8080/c08/sinit
```

●図8-9　サンプルプログラムの実行

●初期化パラメータ利用の書式

サンプルプログラムでは、「送信」をクリックしたあとの処理は考慮していないため、「ユーザ名」に何を入力しても表示結果は同じになります。

サンプルプログラムを実行すると、リスト8-14（web.xml）がURLとサーブレットの関連付けを行い、リスト8-13（ServletInit.java）を呼び出します。

サーブレットはinitメソッド、serviceメソッド、destroyメソッドの順に呼び出されるため、サンプルプログラムでは、定義したinitメソッドから処理を行います。

web.xmlで初期値を設定するには、<servlet>内に以下の書式で記述します。

```
<init-param>
    <param-name>パラメータ名</param-name>
    <param-value>初期値</param-value>
</init-param>
```

リスト8-14では以下の個所で設定しています（**リスト8-15**）。

▼ リスト8-15　リスト8-14での初期値の設定

```
06: <init-param>
07:   <param-name>message</param-name>
08:   <param-value>Input your name</param-value>
09: </init-param>
```

設定された初期値を読み込む書式は以下のとおりです。戻り値はString型となります。

```
ServletConfigの引数名.getInitParameter("パラメータ名")
```

リスト8-14では以下の個所で読み込んでいます（**リスト8-16**）。

▼ リスト8-16　リスト8-14での初期値の読み込み

```
33: message = config.getInitParameter("message");
```

リスト8-13の39行目以降でdoGetが呼び出され、そのあとにHTMLの出力処理が行われ、テキスト入力欄のvalue属性に読み込んだ初期値を表示しています。

　初期値をweb.xmlに記述するため、その他の定義もアノテーションを使わずに行うこと、Webアプリケーションに対する初期化であるため、initメソッドに読み込み処理を記述すること、この2点を押さえておけば良いでしょう。

8-1-4 ▶ スコープとは

リスト8-17のような処理がメソッド内に記述されているとします。

▼ リスト8-17　スコープ

```
if(score >= 80){
    String message = "合格";
    System.out.println(message);
}
System.out.println(message);    // コンパイルエラー
```

宣言 定義 if文内
変数 message の
スコープは if文の中
　　　　　　　　だけ

　String型の変数messageはif文のブロック内で定義されているので、そのブロック内でしかアクセスすることができません。このような**変数の有効範囲をスコープ**と言います。

　サーブレットやJSPのスコープは、実行しているプログラム全体で捉える必要があるので、次項で確認していきましょう。

● スコープの種類

サーブレットのスコープには次の3つがあります。

CHAPTER 8　サーブレットを使いこなそう

- request スコープ
- session スコープ
- application スコープ

● request スコープ

request スコープは、クライアントからのリクエストに対するサーバーからのレスポ （1度きり）
ンスの間で有効なものです。リクエストオブジェクトの持つメソッドを利用して値を格
納します。書式と例は以下のとおりです（**リスト8-18**、**リスト8-19**）。

・値の格納

> *HttpServletRequestの引数名*.setAttreibute("属性名", 値);

▼ **リスト8-18　値の格納例**

```
request.setAttreibute("greet", "Hello Request!!");
```

・値の取得

> *データ型 変数名* = (*データ型*)*HttpServletRequestの引数名*.getAttreibute("属性名");

▼ **リスト8-19　値の取得例**

```
String s = (String)request.getAttreibute("greet");
```

リクエストオブジェクトに格納する値は Object 型に変換されるため、取得するとき
は元のデータ型にキャストする必要があります。なお、**リクエストオブジェクトとレス
ポンスオブジェクトは、クライアントからのリクエストに対して生成され、サーバーか
らの応答後に消滅**します。1度きりの値の受け渡しで良い場合に使用してください。

● session スコープ

session スコープは、クライアントからのリクエストに対して<u>サーバーがセッション
を作成し、破棄されるまで</u>有効なものです。（最初のリクエスト → サーバーがデータ保持 → 以下3つの条件下で破棄されるまで）
セッションが破棄されるタイミングとは、例えば以下のものになります。

- ブラウザを閉じる
- 有効期間が過ぎる →
- 処理命令を記述し、明示的に破棄する

```
例.
<session - config >
<session - timeout> 30 < /session-timeout>    30分経過するとタイムアウト
</session - config>
                  ↑
                  秒数
```

サーバ側でランダムに作られる
32文字（英数字）

8-1-2で扱ったものと同じです。

セッションには「セッション ID」という一意の値が振られており、クライアントと紐
付けされています。それによって、クライアントは常に同じセッションを参照できます。
例えばシステムにログインしているユーザーの情報や通販サイトのショッピングカー

ト内の商品情報など、ユーザーがシステムを利用している間に保持しておくべき情報を入れておきます（図8-10）。

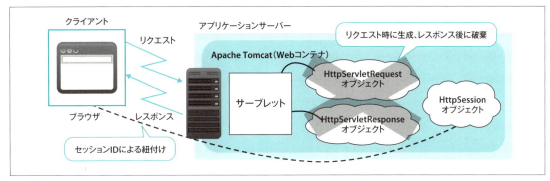

● 図8-10 スコープとオブジェクト

● applicationスコープ

applicationスコープは、Webアプリケーションの起動中に有効なものです。サーブレットコンテナ内で実行されているアプリケーション間で値を共有する際に利用します。

前述のrequestスコープやsessionスコープはクライアント固有のものですが、applicationスコープはすべてのクライアントで値を共有できる点が大きく異なります。書式と例は以下のとおりです（リスト8-20、リスト8-21）。

・値の格納

```
ServletContext 変数名 = getServletContext();
変数名.setAttribute("属性名", 値);
```

▼リスト8-20　値の格納例

```
ServletContext sc = getServletContext();
sc.setAttribute("greet", "Hello Context!!");
```

・値の取得

```
ServletContext 変数名 = getServletContext();
データ型 変数名 = (データ型)ServletContextの変数名.getAttreibute("属性名");
```

▼リスト8-21　値の取得例

```
ServletContext sc = getServletContext();
String s = (String)sc.getAttreibute("greet");
```

HttpServletクラスのgetServletContextメソッドを呼び出すことでapplicationスコープの値を格納できるオブジェクトが取得できます。

Webアプリケーション間で値の受け渡しをする場合は、その用途をしっかりと把握して、適切なスコープで扱うようにしましょう。

CHAPTER 8 サーブレットを使いこなそう

8-2 サーブレットの連携

ここではサーブレットの連携について解説します。

8-2-1 インクルードとフォワード

サーブレットにはJSPと同様に、インクルードとフォワードが存在します[注1]。

サーブレットにおけるインクルードでは、別のサーブレットに処理を転送したあと、元のサーブレットに戻ってきます。一方、フォワードでは、別のサーブレットに処理を転送した後、元のサーブレットには戻ってきません。

どちらについても、RequestDispatcherインターフェースで定義されているメソッドを使用します(後述)。

8-2-2 インクルードによる処理の連携

● サンプルプログラム

インクルードとフォワードの違いは主に出力処理に影響します。まずはインクルードの動作についてサンプルプログラムで確認しましょう(**リスト8-22～リスト8-24**)。

▼リスト8-22 サンプルプログラム (include.html)

```
01: <!DOCTYPE html>
02: <html lang="ja">
03: <head>
04:     <meta charset="UTF-8">
05:     <title>Servletのインクルード</title>
06: </head>
07: <body>
08:     <form action="si" method="post">
09:         <table border="1" class="table">
10:             <tr>
11:                 <th><label for="userName">ユーザ名</label></th>
12:                 <td><input type="text" name="userName" id="userName"></td>
13:             </tr>
14:             <tr>
15:                 <td colspan="2" style="text-align:right"><input type="submit"
```

続く➡

(注1) インクルードについては6-1-1、フォワードについては6-1-2を参照してください。

```
        value="送信"></td>
16:             </tr>
17:         </table>
18:     </form>
19: </body>
20: </html>
```

▼ リスト8-23　サンプルプログラム（ServletInclude.java、一部抜粋）

```
17: @WebServlet("/si")
18: public class ServletInclude extends HttpServlet {
(略)
40:     protected void doPost(HttpServletRequest request, HttpServletResponse
    response) throws ServletException, IOException {
41:         // 文字化け対策
42:         request.setCharacterEncoding("UTF-8");
43:         response.setContentType("text/html;charset=UTF-8");
44:         // HTML 出力準備
45:         PrintWriter out = response.getWriter();
46:
47:         out.println("<html lang='ja'>");
48:         out.println("<head>");
49:         out.println("<title>Servletのインクルード</title>");
50:         out.println("</head>");
51:         out.println("<body>");
52:
53:         // サーブレットの取り込み
54:         ServletContext sc = getServletContext();
55:         RequestDispatcher rd = sc.getRequestDispatcher("/st");
56:         rd.include(request, response);
57:
58:         out.println("</body>");
59:         out.println("</html>");
60:     }
```

▼ リスト8-24　サンプルプログラム（ServletTransfer.java、一部抜粋）

```
15: @WebServlet("/st")
16: public class ServletTransfer extends HttpServlet {
(略)
30:     protected void doGet(HttpServletRequest request, HttpServletResponse
    response) throws ServletException, IOException {
31:         // 送信情報の取得
32:         String userName = request.getParameter("userName");
33:         // HTML 出力準備
34:         PrintWriter out = response.getWriter();
35:         out.println("Name : " + userName + "<br>");
36:     }
```

CHAPTER 8　サーブレットを使いこなそう

● 実行方法

サーブレットの実行については **7-2-3** を参照してください。サーバーを起動し、状態が[始動済み、同期済み]になっていることを確認してから、ブラウザを起動し、以下のURLを入力します❶ (図8-11)。

```
http://localhost:8080/c08/include.html
```

● 図8-11　サンプルプログラムの実行

● 実行結果

図8-11が表示されたら、「ユーザ名」に「山田太郎」と入力して「送信」をクリックします。ブラウザ上で右クリックして「ソースの表示」を選択し、実行結果と合わせてソースも表示します (図8-12、Google Chromeの場合)。

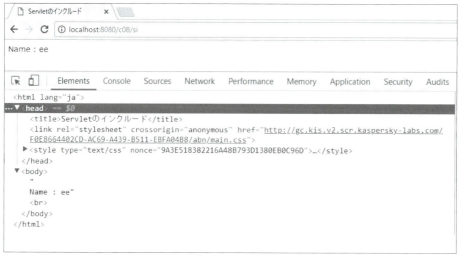

● 図8-12　ソースコードの表示

● インクルードの書式

リスト8-22 (include.html) では、ユーザ名入力欄のname属性に「userName」という値を指定し、「送信」をクリックすると「/si」にPOST送信するようにしています。

リスト8-23 (ServletInclude.java) は、クラス定義の先頭に「@WebServlet("/si")」と記述しているので、リスト8-22からの遷移先になります。ここで実行されるのはdoPostメソッドとなり、インクルードの処理を行っています。

インクルードの書式は以下のとおりです。

```
ServletContext 変数名 = getServletContext();
RequestDispatcher 変数名 = ServletContextの変数名.getRequestDispatcher(URLマッピング);
RequestDispatcherの変数名.include(HttpServletRequestの引数名, HttpServletResponseの引
数名);
```

リスト8-23では以下の個所で処理を行っています（**リスト8-25**）。

▼ **リスト8-25　リスト8-23でのインクルードの処理**

```
54:  ServletContext sc = getServletContext();
55:  RequestDispatcher rd = sc.getRequestDispatcher("/st");
56:  rd.include(request, response);
```

ServletContextとは簡単に言うと、現在実行しているWebアプリケーションを管理しているオブジェクトです。このオブジェクトが持つgetRequestDispatcherメソッドの引数に転送先のURLマッピングを指定することで、転送処理を管理しているRequestDispatcher型のオブジェクトが取得できます。

転送命令はincludeメソッドですが、引数にはdoPostメソッドの引数をそのまま渡します。リスト8-25ではURLマッピングを"/st"と指定しています。HTMLの出力途中でインクルード命令を出しているので、そのタイミングで処理が転送されます。

ServletTransfer.javaはクラス定義の先頭に「@WebServlet("/st")」と記述しているので、先のServletInclude.javaからの転送先になります。

転送された際に動作するのはdoGetメソッドになります。転送元からリクエストおよびレスポンスの情報を受け取っているので、HTMLで入力されたユーザ名を取得することができます。

インクルードは処理終了後に呼び出し元に戻りますので、ServletInclude.javaのdoPostメソッドに戻り、HTMLの出力処理を続けます。よって実行結果は図8-12のようになります。

フォワードとの比較を行う場合は、画面上の結果では無くソースコードに着目してください。

8-2-3 ▶ フォワードによるページの遷移

● サンプルプログラム

次はフォワードについてです。以下のサンプルはファイル名こそ違うものの、**8-2-2**のサンプルプログラムとほとんど同じ内容です。異なる点を中心に確認していきましょう（**リスト8-26**、**リスト8-27**）。

▼ **リスト8-26　サンプルプログラム (forward.html、一部抜粋)**

```
08:  <form action="sf" method="post">
```

CHAPTER 8　サーブレットを使いこなそう

▼ リスト8-27　サンプルプログラム（ServletForward.java、一部抜粋）

```
17:   @WebServlet("/sf")
18:   public class ServletForward extends HttpServlet {
      (略)
40:       protected void doPost(HttpServletRequest request, HttpServletResponse response) throws ServletException, IOException {
41:           // 文字化け対策
42:           request.setCharacterEncoding("UTF-8");
43:           response.setContentType("text/html;charset=UTF-8");
44:           // HTML 出力準備
45:           PrintWriter out = response.getWriter();
46:
47:           out.println("<html lang='ja'>");
48:           out.println("<head>");
49:           out.println("<title>Servletのフォワード</title>");
50:           out.println("</head>");
51:           out.println("<body>");
52:
53:           // サーブレットの転送
54:           ServletContext sc = getServletContext();
55:           RequestDispatcher rd = sc.getRequestDispatcher("/st");
56:           rd.forward(request, response);
57:
58:           out.println("</body>");
59:           out.println("</html>");
60:       }
```

● 実行方法

サーブレットの実行については**7-2-3**を参照してください。サーバーを起動し、状態が［始動済み、同期済み］になっていることを確認してから、ブラウザを起動し、以下のURLを入力します❶（図8-13）。

```
http://localhost:8080/c08/forward.html
```

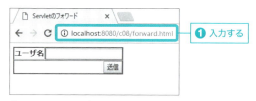

● 図8-13　サーブレットの実行

● 実行結果

図8-13が表示されたら、「ユーザ名」に「山田太郎」と入力して「送信」をクリックします。結果が表示されたらブラウザ上で「F12」キーをクリックし（もしくは右クリックし）、実行結果と合わせてソースも表示します（図8-14、Google Chromeの場合）。

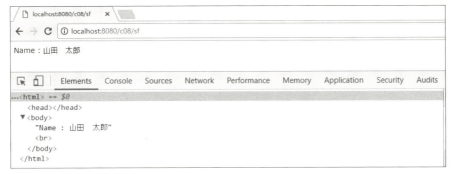

● 図8-14　ソースコードの表示

● **フォワードの書式**

リスト8-26（forward.html）からサーブレットを呼び出すまでの流れは、**8-2-2** と同様です。よって、リスト8-27（ServletForward.java）のdoPostメソッドが動作して、フォワードの処理を行います。

フォワードの書式は以下のとおりです。

```
ServletContext 変数名 = getServletContext();
RequestDispatcher 変数名 = ServletContextの変数名.getRequestDispatcher( URL マッピング);
RequestDispatcherの変数名.forward(HttpServletRequest の引数名 , HttpServletResponse の引数名);
```

インクルードとはメソッド名が変わっただけで、書式も同じです。ただし**フォワードは処理終了後に呼び出し元に戻らない**ので、リスト8-24（ServletTransfer.java）のdoPost内で行った出力処理の結果のみが表示されます。つまり、リスト8-27（ServletForward.java）で行った出力処理は無視され、実行結果は図8-14のようになります。

ServletForward.javaのdoPostメソッドで行っていたはずの、headタグで指定したtitleの出力が無くなっていることに注目して、動作の違いを確認してください。

forwardメソッドで処理を転送する際は、転送元に出力処理を記述しないようにしましょう。

要点整理

✔ サーブレットで扱うデータは、用途によってスコープを使い分ける
✔ インクルードとフォワードを使ってサーブレット間で処理の連携ができる

CHAPTER 8　サーブレットを使いこなそう

問題1　あるサーブレットで処理中に不正なデータを発見したので、別のサーブレットにエラーメッセージを渡して出力させようとしています。このときエラーメッセージは、どのスコープで扱うのが最も良いでしょうか。次のうちから1つ選択してください。

(A) application スコープ
(B) session スコープ
(C) request スコープ
(D) response スコープ

問題2　サーブレットAからサーブレットBに処理を転送しようとしています。どちらのサーブレットにもHTMLの出力処理が記述されているとして、正しい内容を次のうちから2つ選択してください。

(A) インクルードで転送した場合、サーブレットAのHTML出力処理も行われる。
(B) インクルードで転送した場合、サーブレットAのHTML出力処理は行われない。
(C) フォワードで転送した場合、サーブレットAのHTML出力処理も行われる。
(D) フォワードで転送した場合、サーブレットAのHTML出力処理は行われない。

CHAPTER 9

データベースと
連携しよう

本章では、MySQLというデータベースソフトウェアを使って、JSPやサーブレットとデータベースを連携させる方法について解説します。

本章のサンプルプログラム
本章で扱うサンプルは右の場所にあります。
パッケージ・エクスプローラーにあるアイコンの「>」をクリックすると詳細を展開できます。ファイル名をダブルクリックすると、画面中央のエディタにプログラムが表示されます。

9-1 データベースの利用	P.190
9-2 SQLの種類と実行方法	P.194
9-3 データベースとの連携	P.198

CHAPTER 9 データベースと連携しよう

9-1 データベースの利用

システム開発において、データはプログラムと切り離して管理します。データを管理するデータベースについて概要を確認していきます。

9-1-1 データベースとは

データベースとは、**データを効率良く蓄える仕組みを持ったソフトウェア**です。本書ではMySQLというデータベースソフトウェアを利用しています。

MySQLをはじめとするデータベースソフトウェアでは、データをテーブル（表）形式で管理しています。このテーブルを構成する要素を図9-1にまとめています。

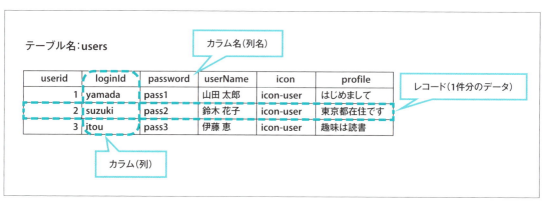

● 図9-1　テーブルを構成する要素

データベース内には複数のテーブルを作成することが可能です。そのため同じデータベース内では、一意のテーブル名を付ける必要があります。

カラム（列）にはJavaにおける変数と同様にデータ型を指定します。そのデータ型に沿ったデータしか入れられないため、どのようなデータが入っているか特定できます。

またカラムには「データを挿入する際は必ず値を入れる」「ほかのデータと同じデータを挿入できない」などの「制約」も設定できます。

9-1-2 データベースサーバーへのアクセス

データベースは、1ヵ所のサーバーでデータを管理すると無駄がなくなります。またデータベース自体は、単にデータを効率良く蓄えるだけですので、それらを管理する仕

組みが必要になります。その仕組みを「データベースマネジメントシステム（DBMS）」と言います。通常、MySQLなどの**データベースソフトウェアは、DBMSとデータベースを含めたもの**を指します。

データベースのユーザーは、DBMSを通じてデータベースにアクセスします。データベースにアクセスしてテーブルを操作するには「SQL」という問い合わせ言語（命令文）を使用します（**図9-2**）。

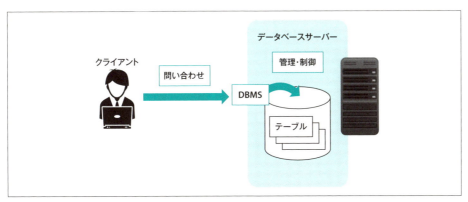

● 図9-2　データベースサーバーへのアクセス

9-1-3　データベースの作成

ここから、以下の手順でMySQLを起動してデータベースとテーブルを作成していきます。

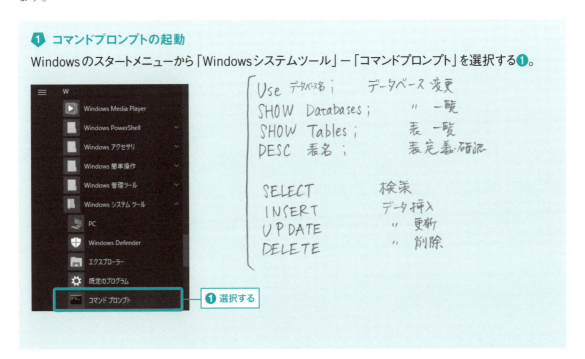

① コマンドプロンプトの起動

Windowsのスタートメニューから「Windowsシステムツール」－「コマンドプロンプト」を選択する❶。

CHAPTER 9　データベースと連携しよう

❷ MySQL にログインする

MySQLにログインします。「mysql -u root -p」と入力し❶、パスワードを求められますので、インストール時に設定したパスワード（本書では「root」）を入力します❷。正常にログインができると「mysql >」と表示されます。

```
❶ 入力する    ❷ 入力する

c:\Users:mysql -u root -p
Enter password: ****
Welcome to the MySQL monitor.  Commands end with ; or \g.
Your MySQL connection id is 2
Server version: 5.7.21-log MySQL Community Server (GPL)

Copyright (c) 2000, 2018, Oracle and/or its affiliates. All rights reserved.

Oracle is a registered trademark of Oracle Corporation and/or its
affiliates. Other names may be trademarks of their respective
owners.

Type 'help;' or '\h' for help. Type '\c' to clear the current input statement.

mysql>
```

❸ SQLファイルの実行

本書サポートサイトからsql.zipをダウンロードして解凍します。解凍後に出てくるsql.txt（リスト9-1）をエディタで開き、その内容をコピー＆ペーストします。

```
show databases;  — 入力 Enter → +═══+  格納している データ（の項目）が表示される.
```

▼ リスト9-1　sql.txtの内容(注1)

```
desc users; → テーブルの定義情報一覧で表示.
    テーブル名     (describe)
```

```
01:  CREATE DATABASE sns;
02:  USE sns;        — 毎回打つ
03:
04:  CREATE TABLE users(                   自動的に番号わりふり
05:      userId      int(11)       PRIMARY KEY AUTO_INCREMENT,
06:      loginId     varchar(32)   (UNIQUE,)  今は省略する.
07:      password    varchar(32),
08:      userName    varchar(64),
09:      icon        varchar(128),
10:      profile     varchar(128)
11:  );                可変長文字列        128 byte
12:
13:  CREATE TABLE shouts(
14:      shoutsId    int(11)       PRIMARY KEY AUTO_INCREMENT,
15:      userName    varchar(32),
16:      icon        varchar(64),
17:      date        datetime,
18:      writing     varchar(256)
19:  );                                               続く ➡
```

主キー（05行目）

TIPS　(注1) リスト9-1は見やすくするため揃えていますが、実際に入力する場合は、単語の間は半角の空白にしてください。

場所で抜けたい時は [Ctrl] + [C] ／ ";" の打ち忘れの時は改行後に ; だけ打って　それでもOK

```
20:
21: INSERT INTO users(loginId,password,userName,icon,profile) VALUES('yamada',
    'pass1','山田　太郎','icon-user','はじめまして');
22: INSERT INTO users(loginId,password,userName,icon,profile) VALUES('suzuki',
    'pass2','鈴木　花子','icon-user-female','東京都在住です');
23: INSERT INTO users(loginId,password,userName,icon,profile) VALUES('itou',
    'pass3','伊藤　恵','icon-bell','趣味は読書');
```

COLUMN

データベース製品

データベース製品は、本書で利用しているMySQL以外にも数多く存在しています。代表的データベース製品とその概要を**表9-A**にまとめています。

●表9-A　代表的なデータベース製品

製品名	説明
Oracle Database	Oracle社が開発・販売している。大規模データベースの構築に耐え得る機能を持っているが高額である
DB2	IBM社が開発・販売している。信頼性が高く高機能だがOracle Databaseほど高額ではない
Microsoft SQL Server	Microsoft社が開発・販売している。Windows上で動作し、他のMicrosoft社の製品と相性が良い
Microsoft Access	Microsoft社のOffice製品の1つ。個人向けのため商用利用は推奨されない
MySQL	Oracle社が開発・公開している。オープンソースのソフトウェアなので誰でも自由に入手・利用ができる
PostgreSQL	PostgreSQL Global Development Groupが開発・公開している。オープンソースのフリーソフトウェアである

●図9-A　Microsoft SQL Server 2017エディション

9-2 SQLの種類と実行方法

リスト9-1 (sql.txt) はデータベースを操作するためのSQL文です。このSQL文でデータベースの作成からデータの挿入までを行っています。各操作の内容について触れながら、リスト9-1では使用していないSQL文についても解説します。

9-2-1 データベースとテーブルの作成

●データベースの作成

データベースを作成する場合の書式は以下のとおりです。

```
CREATE DATABASE データベース名;
```

リスト9-1の中では、**リスト9-2**で「sns」という名前のデータベースを作成しています。2行目の「USE」では指定したデータベースに接続します。データベースを切り替える際などに使用します。

▼ **リスト9-2　リスト9-1でのデータベース作成**

```
24: CREATE DATABASE sns;
25: USE sns;
```

●テーブルの作成

テーブルを作成する場合の書式は以下のとおりです。

```
CREATE TABLE データベース名(
    フィールド名1 データ型1 属性1
    フィールド名2 データ型2 属性2
    ……
);
```

リスト9-1の中では、**リスト9-3**で「users」という名前のテーブルを作成しています。usersテーブルには「userId」「loginId」「password」「userName」「icon」「profile」列があります。それぞれにデータ型や属性が設定されていますが、このうち「userId」は、プライマリーキー(注2)となり、かつデータを挿入する際に自動で一意の番号が割り振ら

（注2）　レコードを識別するためのキーとなる列のことです。詳細はデータベースに関する書籍を参照してください。

れるようになっています(AUTO_INCREMENT)[注3]。

※手書き注釈: 自動採番 / 自然にNo.が重複しないようにしてくれる.

▼リスト9-3　リスト9-1でのテーブル作成（その1）

```
04: CREATE TABLE users(
05:     userId          int(11)         PRIMARY KEY AUTO_INCREMENT,
06:     loginId         varchar(32)     UNIQUE,
07:     password        varchar(32),
08:     userName        varchar(64),
09:     icon            varchar(128),
10:     profile         varchar(128)
11: );
```

そのあとのリスト9-4でshoutsテーブルを作成しています。shoutsテーブルでは「shoutsId」「userName」「icon」「date」「writing」列があります。このうち「shoutsId」がプライマリーキー、かつデータを挿入する際に自動で一意の番号が割り振られるようになっています。

▼リスト9-4　リスト9-1でのテーブル作成（その2）

```
13: CREATE TABLE shouts(
14:     shoutsId        int(11)         PRIMARY KEY AUTO_INCREMENT,
15:     userName        varchar(32),
16:     icon            varchar(64),
17:     date            datetime,
18:     writing         varchar(256)
19: );
```

ここまでの操作でデータベースを利用するための準備が整いました。次にデータベース操作の基本について解説します。

9-2-2　データベースの操作

ユーザーがテーブルに対して行う主な操作は、以下の4種類です。

・検索
・挿入
・更新
・削除

これらの操作はデータベースを扱う上で大変重要ですので、その基本について学んでいきましょう。

（注3）　MySQLで自動的に一意の番号を生成するために用意された機能です。詳細はMySQLに関する書籍を参照してください。

CHAPTER 9　データベースと連携しよう

● 検索

検索の基本的なSQL文は以下のとおりです。

```
SELECT 列名,列名,…… FROM テーブル名;
```

また、すべての列を検索する場合のSQL文は以下のとおりです。

```
SELECT * FROM テーブル名;
```

9-2-1 で作成したusersテーブルを使って、すべての列を検索した例が**図9-3**となります。

```
mysql> SELECT * FROM users;
+--------+---------+----------+--------------+------------------+-----------------+
| userId | loginId | password | userName     | icon             | profile         |
+--------+---------+----------+--------------+------------------+-----------------+
|      1 | yamada  | pass1    | 山田　太郎   | icon-user        | はじめまして    |
|      2 | suzuki  | pass2    | 鈴木　花子   | icon-user-female | 東京都在住です  |
|      3 | itou    | pass3    | 伊藤　恵     | icon-bell        | 趣味は読書      |
+--------+---------+----------+--------------+------------------+-----------------+
3 rows in set (0.03 sec)
```

● 図9-3　すべての列を検索

検索条件を指定して検索する場合のSQL文は以下のとおりです。

```
SELECT 列名,列名,…… FROM テーブル名 WHERE 条件文;
```

9-2-1 で作成したusersテーブルを使って、検索条件を指定して検索した例が**図9-4**となります。

```
mysql> SELECT * FROM users WHERE userId=1;
+--------+---------+----------+--------------+-----------+--------------+
| userId | loginId | password | userName     | icon      | profile      |
+--------+---------+----------+--------------+-----------+--------------+
|      1 | yamada  | pass1    | 山田　太郎   | icon-user | はじめまして |
+--------+---------+----------+--------------+-----------+--------------+
1 row in set (0.02 sec)
```

● 図9-4　検索条件を指定して検索

● 挿入

データを挿入する場合のSQL文は以下のとおりです。

```
INSERT INTO テーブル名(列名,列名,……) VALUES(値,値,……);
```

「列名」と「値」の順番は一致させる必要があります。また値が文字列の場合はシング

ルクォーテーションで囲む必要があります。

リスト9-1（sql.txt）の中では、**リスト9-5**で3つのデータの挿入を実行しています（すでにリスト9-1を実行している場合は、ここで行う必要はありません）。先ほど実行した検索結果は、リスト9-1ですでにデータを挿入していたため、出力されています。

▼ リスト9-5　リスト9-1でのデータ挿入

```
INSERT INTO users(loginId,password,userName,icon,profile)
 VALUES('yamada','pass1','山田　太郎','icon-user','はじめまして');
INSERT INTO users(loginId,password,userName,icon,profile)
 VALUES('suzuki','pass2','鈴木　花子','icon-user-female','東京都在住です'),
INSERT INTO users(loginId,password,userName,icon,profile)
 VALUES('itou','pass3','伊藤　恵','icon-bell','趣味は読書');
```

● 更新

すでに挿入されているデータを更新する場合のSQL文は以下のとおりです。

```
UPDATE テーブル名 SET 列名=値 WHERE 変更する行の条件;
```

例えば、examテーブルでuserIdが3のユーザ名を変更する場合は、**リスト9-6**のSQL文になります（実際には入力しません）。

▼ リスト9-6　データ更新の例

```
UPDATE exam SET userName='伊藤　めぐみ' WHERE userId=3;
```

なお、**WHERE以降の条件を記述し忘れると、すべての行のユーザ名が変更されてしまいます**ので注意してください。

● 削除

すでに挿入されているデータを削除する場合のSQL文は以下のとおりです。

```
DELETE FROM テーブル名 WHERE 削除する行の条件;
```

例えば、userIdが3の行を削除する場合は、**リスト9-7**のSQL文になります（実際には入力しません）。

▼ リスト9-7　データ削除の例

```
DELETE FROM users WHERE userId=3;
```

UPDATE文と同様に、**WHERE以降の条件を記述し忘れると、すべての行のユーザ名が変更されてしまいます**ので注意してください。

CHAPTER 9 データベースと連携しよう

9-3 データベースとの連携

これまでSQL文の基本について解説してきました。ここからはサーブレットとデータベースを連携させる方法について解説します。

（手書き）新規 Web プロジェクト「Chapter09」 > コンテキストルート「c09」
新規 パッケージ section 9-3　新規サーブレットクラス「DBAccess.java」　URL マッピングパターン「/da」

9-3-1 ▶ サーブレットとデータベースの連携

● サンプルプログラム

リスト9-8は、サーブレットからデータベースを利用するサンプルプログラムです。

（手書き）URL パターン

▼ リスト9-8　サンプルプログラム (DBAccess.java、一部抜粋)

```java
21:  @WebServlet("/da")   アノテーション
22:  public class DBAccess extends HttpServlet {
(略)
36:      protected void doGet(HttpServletRequest request, HttpServletResponse
     response) throws ServletException, IOException {
37:          // 文字化け対策
38:          request.setCharacterEncoding("UTF-8");
39:          response.setContentType("text/html;charset=UTF-8");
40:          // HTML 出力準備
41:          PrintWriter out = response.getWriter();
42:
43:          // データベース接続に必要な情報
44:          final String DSN = "jdbc:mysql://localhost:3306/sns?useSSL=false";
45:          final String USER = "root";
46:          final String PASSWORD = "root";
47:
48:          // データベース接続情報管理
49:          Connection conn = null;
50:
51:          // SQL 情報管理
52:          PreparedStatement pstmt1 = null;
53:          PreparedStatement pstmt2 = null;
54:          PreparedStatement pstmt3 = null;
55:
56:          // SELECT 文の実行結果管理
57:          ResultSet rset1 = null;
58:          ResultSet rset2 = null;
59:
60:          out.println("<html lang='ja'>");
61:          out.println("<head>");
```

（手書き注記）
44行: 定数　{ final String ... } 変更不可 文字列
44行: データベース名 → sns
mySQLのポートNo.

48行: （宣言、変数名「conn」）

51行: プログラムの中で 3つのSQLを記述している
○ ～92行目まで
○ ～103行目まで
○ 104～最後まで

56行: （2つ分用意）

（左側手書き）画面 Textファイル 接続情報.txt mySQL80の〇をコピペすること。

続く➡

198

```
62:            out.println("<title>データベースの連携</title>");
63:            out.println("</head>");
64:            out.println("<body>");
65:
66:            try {
67:                // JDBC ドライバのロード
68:                Class.forName("com.mysql.jdbc.Driver");
69:
70:                // データベース接続
71:                conn = DriverManager.getConnection(DSN, USER, PASSWORD);
72:
73:                // SQL 文(検索)の作成と実行
74:                String sql = "SELECT * FROM users WHERE userId=?";
75:                pstmt1 = conn.prepareStatement(sql);
76:                pstmt1.setInt(1, 1);
77:
78:                rset1 = pstmt1.executeQuery();
79:
80:                out.println("<p>1件検索</p>");
81:                out.println("<pre>");
82:                // 検索結果があるか
83:                if (rset1.next()) {
84:                    out.print(rset1.getString(2) + ":");
85:                    out.print(rset1.getString(3) + ":");
86:                    out.print(rset1.getString(4) + ":");
87:                    out.print(rset1.getString(5) + ":");
88:                    out.println(rset1.getString(6));
89:                }
90:                out.println("</pre>");
91:                out.println("<hr>");
92:
93:                // SQL 文(挿入)の作成と実行
94:                sql = "INSERT INTO users(loginId,password,userName,icon,
       profile) VALUES(?,?,?,?,?)";
95:                pstmt2 = conn.prepareStatement(sql);
96:                pstmt2.setString(1, "tanaka");
97:                pstmt2.setString(2, "pass4");
98:                pstmt2.setString(3, "田中　純次");
99:                pstmt2.setString(4, "icon-user");
100:                pstmt2.setString(5, "こんにちは");
101:
102:                pstmt2.executeUpdate();
103:
104:                // SQL 文(検索)の作成と実行
105:                sql = "SELECT * FROM users";
106:                pstmt3 = conn.prepareStatement(sql);
107:
108:                rset2 = pstmt3.executeQuery();
109:
```

続く➡

CHAPTER 9 データベースと連携しよう

```
110:                out.println("<p>全件検索</p>");
111:                out.println("<pre>");
112:
113:                // 問い合わせ結果の行数分繰り返し
114:                while(rset2.next()) {
115:                    out.print(rset2.getString(2) + ":");
116:                    out.print(rset2.getString(3) + ":");
117:                    out.print(rset2.getString(4) + ":");
118:                    out.print(rset2.getString(5) + ":");
119:                    out.println(rset2.getString(6));
120:                }
121:                out.println("</pre>");
122:            } catch (ClassNotFoundException e) {
123:                e.printStackTrace();
124:            } catch(SQLException e)    {
125:                e.printStackTrace();
126:            } finally {
127:                try {
128:                    rset1.close();
129:                } catch (SQLException e) {    }
130:
131:                try {
132:                    rset2.close();
133:                } catch (SQLException e) {    }
134:
135:                try {
136:                    pstmt1.close();
137:                } catch (SQLException e) {    }
138:
139:                try {
140:                    pstmt2.close();
141:                } catch (SQLException e) {    }
142:
143:                try {
144:                    pstmt3.close();
145:                } catch (SQLException e) {    }
146:
147:                try {
148:                    conn.close();
149:                } catch (SQLException e) {    }
150:            }
151:
152:        out.println("</body>");
153:        out.println("</html>");
154:    }
```

注記（手書き）: 一行のみの時は if文だが 複数行あるときは while文
次のデータなければ while文を抜ける.

200

● 実行方法

サーブレットの実行については**7-2-3**を参照してください。ここでは、構成済みプロジェクトとして「Chapter09」を追加します。なお、「Chapter09」プロジェクトのコンテキスト・ルートは「c09」で設定しています。

サーバーを起動し、状態が[始動済み、同期済み]になっていることを確認してから、ブラウザを起動し、以下のURLを入力します。

http://localhost:8080/c09/da

● 実行結果

URLを実行すると図9-5のように表示されます。

● 図9-5　サーブレットの実行結果

9-3-2　JDBCの利用

Javaプログラムからデータベースを利用する場合、データベースソフトウェアごとにプログラムを書き換える必要はありません。その代わりに**各ソフトウェアから配布されているJDBCドライバを利用する**必要があります。

● JDBCとは

JDBCは「Java Database Connectivity」の略で、Javaプログラムとデータベースを接続するためのAPI（Application Programming Interface）です。サーブレットからデータベースを利用する場合は、WebContentの下のWEB-INFの下のlibにJDBCドライバを配置します。

● データベースを利用する際のプログラムの記述

データベースを利用する際、サーブレットでは以下のようにプログラムを記述します。

① 　JDBCドライバを読み込む
② 　データベースへ接続して、接続情報を取得する（Connection）
③ 　SQL文を作成して、SQLの管理情報を取得する（PreparedStatement）
④ 　SQLを実行する。検索の場合は検索結果を取得する（ResultSet）

CHAPTER 9 データベースと連携しよう

● JDBCドライバの読み込み

JDBCドライバの読み込み書式は以下のとおりです。

```
Class.forName("JDBCドライバのクラス名");
```

実行時に読み込めない場合はClassNotFoundExceptionが発生するので、try-catch内で行います。サンプルプログラムでは以下の個所で使用しています（**リスト9-9**）。

▼ リスト9-9　リスト9-8でのJDBCドライバの読み込み

```
68:  Class.forName("com.mysql.jdbc.Driver");
```

● 接続情報を変数で受け取る

次にデータベースに接続し、接続情報をConnection型の変数で受け取ります。書式は以下のとおりです。なお、変数名connは任意です。

```
conn = DriverManager.getConnection(データソース名, ユーザ名, パスワード)
```

データソース名とは、DBMSの種類やデータベースの所在などをまとめた情報です。サンプルプログラムでは、MySQLのsnsデータベースに接続するための記述を行っています（**リスト9-10**）。ユーザ名とパスワードはMySQLにログインするために使用したものです。

▼ リスト9-10　リスト9-8での接続情報の変数による受け取り

```
71:  conn = DriverManager.getConnection(DSN, USER, PASSWORD);
```

● SQL文実行の準備

接続に成功するとデータベースの接続情報が戻ってくるため、これを用いてSQL実行の準備を行います。SQLの情報もオブジェクトとして扱い、PreparedStatement型の変数受け取ります。書式は以下のとおりです。なお、変数名pstmt1は任意です。

```
pstmt1 = conn.prepareStatement(SQL文);
```

また引数に指定するSQL文は注意が必要になります（**リスト9-11**）。

▼ リスト9-11　リスト9-8でのSQL文実行の準備

```
74:  String sql = "SELECT * FROM users WHERE userId=?";
75:  pstmt1 = conn.prepareStatement(sql);
     (略)
94:  sql = "INSERT INTO users(loginId,password,userName,icon,profile)
     VALUES(?,?,?,?,?)";
95:  pstmt2 = conn.prepareStatement(sql);
```

続く➡

202

```
       (略)
105:   sql = "SELECT * FROM users";
106:   pstmt3 = conn.prepareStatement(sql);
```

文中の「?」はプレースホルダと言い、条件によって変更する値の部分に記述しておく
ものです。PreparedStatement は、SQL を素早く実行するために事前に SQL 文のコン
パイルを行います。

● プレースホルダへの値の指定

この時点で値が確定しないものをプレースホルダに置き換えておき、SQL 実行の際
に値を決めて問い合わせすることで高速な問い合わせを実現します。プレースホルダに
値を指定する書式は以下のとおりです。なお、変数名 pstmt1 は先に出てきた変数名と
合わせてください。

（何番目か）
```
pstmt1.setInt(プレースホルダの番号, 値);
```

プレースホルダは文中にいくつも記述でき、先頭から順に1から番号が割り振られま
す。また整数値を指定する場合は setInt メソッドですが、データ型によって setDouble、
setString などのメソッドが提供されていますので、型に合わせて呼び出します（**リスト
9-12**）。

▼ **リスト9-12 リスト9-8でのプレースホルダへの値の指定**
```
76:   pstmt1.setInt(1, 1);
```

● SQL の実行

SQL の情報を取得したら実行します。「検索」を実行する書式は以下のとおりです。
なお、変数名 rset1 は任意、変数名 pstmt1 は先に出てきた変数名と合わせてください。

```
rset1 = pstmt1.executeQuery();
```

「検索」した結果は ResultSet 型の変数で受け取ります（**リスト9-13**）。**ResultSet、
はテーブル形式の実行結果とカーソルをセットで持って**います（**図9-6**）。

▼ **リスト9-13 リスト9-8でのSQLの実行**
```
 78:   rset1 = pstmt1.executeQuery();
       (略)
108:   rset2 = pstmt3.executeQuery();
```

9

データベースと連携しよう

203

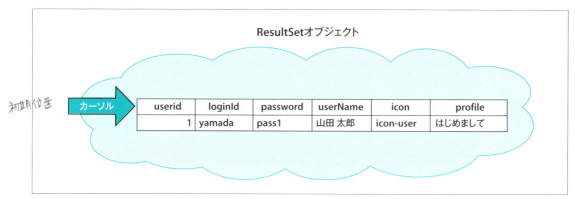

● 図9-6　ResultSetのイメージ

● 表示対象の検索

カーソルの初期位置はカラム名の行になります。検索結果を表示するには、カーソルを利用して表示するデータがあるかどうかを判断します。書式は以下のとおりです。なお、変数名rset1は先の変数名に合わせてください。

```
rset1.next()
```

nextメソッドは、**カーソルが指す次の行にレコードがあればtrueを返し、カーソルを下の行に移動**させます。サンプルプログラムの最初の検索では1件の結果が返ってくるので、そのレコードをカーソルが指し示すことになります（リスト9-14）。

▼ リスト9-14　リスト9-8での表示対象の検索
```
83: if (rset1.next()) {
84:     out.print(rset1.getString(2) + ":");
85:     out.print(rset1.getString(3) + ":");
86:     out.print(rset1.getString(4) + ":");
87:     out.print(rset1.getString(5) + ":");
88:     out.println(rset1.getString(6));
89: }
```

● データの取得

データの取得も同様にカーソルを利用して行います。書式は以下のとおりです。なお、変数名rset1は先の変数名に合わせてください。

```
rset1.getString(カラムの番号)
```

ResultSetで取得したテーブル形式の実行結果は、左から1、2……と順番に番号が割り振られています。その番号を指定して値を取得しますが、文字列の場合はgetString、整数の場合はgetIntと、取得したデータを扱う型に合ったメソッドを呼び出します（リスト9-14参照）。

● 挿入・更新・削除の操作

検索については取得結果の扱いが独特ですが、ほかの挿入・更新・削除の操作はシンプルになっています。書式は以下のとおりです。なお、変数名 pstmt1 は先の変数名に合わせてください。

```
pstmt1.executeUpdate();
```

挿入・更新・削除の場合は対象となった件数が整数で戻ってくるので、例えば挿入した結果が0で戻ってきた場合、挿入できなかったと判断できます。サンプルプログラムでは戻り値の取得と判断は割愛しています（**リスト9-15**）。

▼ **リスト9-15　リスト9-8での挿入・更新・削除の操作**

```
102:  pstmt2.executeUpdate();
```

リスト9-8の114行目から全件検索を行っていますが、検索結果があるかどうかをwhile文で扱っていることに注目してください。検索結果が1件の場合はif文で、全件の場合はwhile文ですべてのレコードにアクセスすることができます。

データベースを利用したら、最後に**各変数のcloseメソッドを呼び出してリソースを解放**します。

処理中に例外が発生しても、その時点で確保したリソースを解放するために、finallyブロックで行います。また解放は1つ1つにnullチェックを行い、インスタンスを持つものだけを解放するようにします。

9-3-3　DAOとDTO

サーブレットの処理が長くなった場合、**Javaと同様に、機能ごとにクラスに分ける**ことを考慮します。

サーブレットでも自作したクラスをインスタンス化して利用することができます。**クラスが持つ機能が一般的なものの場合、名称がついている**場合があります。

本書では、代表的なDAOとDTOについて触れていきます。

● DAOとは

DAOはData Access Objectの略で、**データベースにアクセスするための情報や機能を持つクラス**に付けられる名称です。ある処理がデータベースへのアクセスを必要とした場合、DAOクラスが窓口になって必要な作業を行うようにします。

● DTOとは

DTOはData Transfer Objectの略で、**テーブルへの検索結果1件分のデータを保持しておくクラス**に付けられる名称です。検索対象となるテーブルの列数と一致したメンバ

CHAPTER 9　データベースと連携しよう

変数を持ちます。

　DAOから検索が行われると、結果の行数分だけDTOのインスタンス化が行われ、必要とするオブジェクトに検索結果のデータとして渡される……という流れになります。

● **サンプルプログラム**

　リスト9-16～リスト9-19のサンプルプログラムを通して、DAOやDTOの役割を理解しましょう。

▼ **リスト9-16　サンプルプログラム (DBAccess2.java、一部抜粋)**

```
16:  @WebServlet("/da2")
17:  public class DBAccess2 extends HttpServlet {
     (略)
31:      protected void doGet(HttpServletRequest request, HttpServletResponse
     response) throws ServletException, IOException {
32:          // 文字化け対策
33:          request.setCharacterEncoding("UTF-8");
34:          response.setContentType("text/html;charset=UTF-8");
35:          // HTML 出力準備
36:          PrintWriter out = response.getWriter();
37:
38:          // HTML 出力
39:          out.println("<html lang='ja'>");
40:          out.println("<head>");
41:          out.println("<title>データベースの連携</title>");
42:          out.println("</head>");
43:          out.println("<body>");
44:
45:          // データベース接続管理クラスの変数宣言
46:          DBManager dbm = new DBManager();
47:
48:          // ログインユーザ情報取得
49:          UserDTO user = dbm.getLoginUser("suzuki", "pass2");
50:
51:          if(user != null){
52:              out.print("ログインユーザ：" + user.getUserName());
53:          }else{
54:              out.print("ユーザ名かパスワードが間違っています");
55:          }
56:
57:          out.println("</body>");
58:          out.println("</html>");
59:      }
```

▼ **リスト9-17　サンプルプログラム (DBManager.java、一部抜粋)**

```
11:  public class DBManager extends SnsDAO {
12:
```

続く➡

206

```
13:        // ログインID とパスワードを受け取り、登録ユーザー一覧に一致したものがあるか検索
14:    public UserDTO getLoginUser(String loginId, String password) {
15:        Connection conn = null;                    // データベース接続情報
16:        PreparedStatement pstmt = null;         // SQL 管理情報
17:        ResultSet rset = null;                     // 検索結果
18:
19:        String sql = "SELECT * FROM users WHERE loginId=? AND password=?";
20:        UserDTO user = null;     // 登録ユーザ情報
21:
22:        try {
23:            // データベース接続情報取得
24:            conn = getConnection();
25:
26:            // SELECT 文の登録と実行
27:            pstmt = conn.prepareStatement(sql);     // SELECT文登録
28:            pstmt.setString(1, loginId);
29:            pstmt.setString(2, password);
30:            rset = pstmt.executeQuery();
31:
32:            // 検索結果があれば
33:            if (rset.next()) {
34:                // 必要な列から値を取り出し、ユーザ情報オブジェクトを生成
35:                user = new UserDTO();
36:                user.setLoginId(rset.getString(2));
37:                user.setPassword(rset.getString(3));
38:                user.setUserName(rset.getString(4));
39:                user.setIcon(rset.getString(5));
40:                user.setProfile(rset.getString(6));
41:            }
42:        } catch (SQLException e) {
43:            e.printStackTrace();
44:        } finally {
45:            // データベース切断処理
46:            close(rset);
47:            close(pstmt);
48:            close(conn);
49:        }
50:
51:        return user;
52:    }
53: }
```

▼ リスト9-18 （SnsDAO.java、一部抜粋）

```
09: public class SnsDAO {
10:    private final String DSN = "jdbc:mysql://localhost:3306/sns?useSSL=
    false";
11:    private final String USER = "root";
12:    private final String PASSWORD = "root";
13:
```

続く➡

CHAPTER 9　データベースと連携しよう

```
14:        // データベースの接続情報を返す
15:        public Connection getConnection(){
16:            Connection conn = null;
17:
18:            try {
19:                // JDBC ドライバのロード
20:            Class.forName("com.mysql.jdbc.Driver");
21:
22:            // データベースへ接続
23:            conn = DriverManager.getConnection(DSN, USER, PASSWORD);
24:            }catch(ClassNotFoundException e){
25:                e.printStackTrace();
26:            }catch(SQLException e){
27:                e.printStackTrace();
28:            }
29:
30:            return conn;
31:        }
32:
33:        // Connection 型変数が持つデータベースと JDBC リソースの解放
34:        public void close(Connection conn) {
35:            if(conn != null){
36:                try {
37:                    conn.close();
38:                } catch (SQLException e) {
39:                    e.printStackTrace();
40:                }
41:            }
42:        }
43:
44:        // PreparedStatement 型変数が持つデータベースと JDBC リソースの解放
45:        public void close(Statement stmt) {
46:            if(stmt != null){
47:                try {
48:                    stmt.close();
49:                } catch (SQLException e) {
50:                    e.printStackTrace();
51:                }
52:            }
53:        }
54:
55:        // ResultSet 型変数が持つデータベースと JDBC リソースの解放
56:        public void close(ResultSet rset) {
57:            if(rset != null){
58:                try {
59:                    rset.close();
60:                } catch (SQLException e) {
61:                    e.printStackTrace();
62:                }
```

続く➡

```
63:         }
64:     }
65: }
```

▼ リスト9-19　サンプルプログラム (UserDTO.java、一部抜粋)

```
03: public class UserDTO {
04:     private String loginId;         // ログインID
05:     private String password;     // パスワード
06:     private String userName;     // ユーザ名
07:     private String icon;             // ユーザアイコン
08:     private String profile;           // プロフィール
09:
10:     // 各メンバ変数の getter および setter
11:     public String getLoginId() {
12:         return loginId;
13:     }
14:
15:     public void setLoginId(String loginId) {
16:         this.loginId = loginId;
17:     }
18:
19:     public String getPassword() {
20:         return password;
21:     }
22:
23:     public void setPassword(String password) {
24:         this.password = password;
25:     }
26:
27:     public String getUserName() {
28:         return userName;
29:     }
30:
31:     public void setUserName(String userName) {
32:         this.userName = userName;
33:     }
34:
35:     public String getIcon() {
36:         return icon;
37:     }
38:
39:     public void setIcon(String icon) {
40:         this.icon = icon;
41:     }
42:
43:     public String getProfile() {
44:         return profile;
45:     }
46:
```

続く➡

```
47:     public void setProfile(String profile) {
48:         this.profile = profile;
49:     }
50: }
```

● **実行方法**

サーブレットの実行については**7-2-3**を参照してください。構成済みプロジェクトとして「Chapter09」を追加されていること、サーバーを起動し、状態が[始動済み、同期済み]になっていることを確認してから、ブラウザを起動し、以下のURLを入力します。

http://localhost:8080/c09/da2

● **実行結果**

URLを実行すると図9-7のように表示されます。

● 図9-7　サーブレットの実行結果

9-3-4　DAOとDTOを使ったサーブレットの実装

● **DAO機能の実装**

リスト9-18（SnsDAO.java）がサンプルプログラムにおいてDAOにあたるクラスです。

getConnectionメソッドはデータベースへアクセスし、その情報をオブジェクトとして返します（リスト9-18の23行目）。

そのほかに3つのメソッドがありますが、それぞれにConnection、PreparedStatement、ResultSetを引数に受け取り、その参照が持つcloseメソッドを呼んでいます（リスト9-18の37行目、48行目、59行目）。

9-3-2で触れたためここでは詳細を省きますが、データベースへの接続と切断処理をまとめたクラスであることを把握してください。

● **DTO機能の実装**

リスト9-19（UserDTO.java）がサンプルプログラムでDTOにあたるクラスです。データベースにあるusersテーブルの列から、必要となる列名の数と同じだけのメンバ変数が定義されています。

また必須ではありませんが、変数名もわかりやすいように列名と一致させています。メソッドの数は多いですが、それぞれのメンバ変数にアクセスするためのgetterとsetterを定義しています。それ以外の機能を持ったメソッドはなく、単にデータを保持するクラス

となっていることを把握してください。

● ログイン機能の実装

リスト9-17のDBManagerクラスでは、DAOとDTOを利用してログイン機能を実装しています。このクラスはSnsDAOクラスを継承し、データベースにあるusersテーブルへの問い合わせを行います。サンプルプログラムで定義しているメソッドは1つだけですが、その動作を確認していきましょう。

getLoginUserメソッドは、ログインIDとパスワードを文字列として引数に受け取りログイン認証を行うメソッドです。tryブロックの処理の流れは先のサンプルと同じですが、SELECT文のWHERE句が2つの条件のAND演算となっています。

これにより、第1引数の値がloginId列にあり、なおかつ第2引数の値がpassword列にあるものとなり、双方が一致した行だけが返されるようになっています。

結果が返されるとUserDTOクラスをインスタンス化して、各列の値をメンバ変数に代入しています。

よって処理の最後でreturnしている変数userには、検索結果があればその行のデータを持ったUserDTOオブジェクトへの参照が、なければnullが呼び出し元に戻ります。

● サーブレットの実装

これまでの内容を踏まえ、サーブレットであるリスト9-16のdoGetメソッドを確認しましょう。HTMLの出力処理以外では、以下のように非常にシンプルな記述になっています。

① DBManagerクラスのインスタンス化
② ユーザID「suzuki」とパスワード「pass2」を引数としてgetLoginUserメソッドの呼び出す
③ 戻り値の参照がnullじゃなければ、getUserNameメソッドを呼び出して、ユーザ名を表示
④ 戻り値の参照がnullなら、ログインに失敗した旨を表示する

サーブレット内に記述する処理もJavaのクラスに機能分割できることと、DAOとDTOの役割を理解してください。

要点整理

✔ データベースはサーバとして、データを1ヵ所で管理できる

✔ Javaプログラムからデータベースへアクセスし、問い合わせを行うことができる

✔ データベースの情報を持つクラスをDAO、テーブルへの問い合わせ結果を持つクラスをDTOと言う

CHAPTER 9　データベースと連携しよう

問題1　Javaからデータベースへ問い合わせを実行する際、以下の4つの操作が必要になります。

①　SQL文を作成して、SQLの管理情報を取得する
②　SQLを実行する。検索の場合は検索結果を取得する
③　データベースへ接続して、接続情報を取得する
④　JDBCドライバを読み込む

正しい手順に並んでいるものはどれですか。次のうちから1つ選択してください。

(A) 1.2.3.4
(B) 3.4.1.2
(C) 1.2.4.3
(D) 4.3.1.2

問題2　JavaプログラムからSQL文を実行する処理について、正しい内容を次のうちから2つ選択してください。

(A)「検索」はexecuteQueryメソッドで実行し、結果をResultSet型の変数で受け取る。
(B)「挿入」「更新」「削除」は executeQueryメソッドで実行し、結果をint型の変数で受け取る。
(C)「検索」は executeUpdateメソッドで実行し、結果をResultSet型の変数で受け取る。
(D)「挿入」「更新」「削除」は executeUpdateメソッドで実行し、結果をint型の変数で受け取る。

CHAPTER 10

Webシステムを作成しよう

　これまでJSPやサーブレット、データベースなどについて学んできました。本章では、これらを使ったWebシステムを作成していきます。

本章のサンプルプログラム
本章で扱うサンプルは右の場所にあります。
パッケージ・エクスプローラーにあるアイコンの「>」をクリックすると詳細を展開できます。ファイル名をダブルクリックすると、画面中央のエディタにプログラムが表示されます。

10-1 作成するWebシステムの概要	P.214
10-2 ログイン認証	P.218
10-3 掲示板への書き込み	P.228

CHAPTER 10 Webシステムを作成しよう

10-1 作成するWebシステムの概要

本章では簡易な掲示板投稿システムを作成しながら、これまでに学習したJSPやサーブレットがどの位置付けで動作しているのかを確認します。なおデータベースの利用については**Chapter 11**で解説しますので、まずは処理の流れを中心に理解していきましょう。まずはどのようなシステムなのか、実際に動作させてください。

10-1-1 ▶ Webシステムの実行

● 実行方法

サーブレットの実行については**7-2-3**を参照してください。ここでは、構成済みプロジェクトとして「Chapter10」を追加します。なお、「Chapter10」プロジェクトのコンテキスト・ルートは「c10」で設定しています。

サーバーを起動し、状態が[始動済み、同期済み]になっていることを確認してから、ブラウザを起動し、以下のURLを入力します。

```
http://localhost:8080/c10/index.jsp
```

● 実行結果

URLを実行すると図10-1のように表示されます。

● 図10-1 サーブレットの実行結果

214

10-1-2 ログイン認証機能の概要

実行したWebシステムに登録されている、ログインIDとパスワードは表10-1のとおりです。

● 表10-1　Webシステムのユーザー情報

ログインID	パスワード
yamada	pass1
suzuki	pass2
itou	pass3

ログインIDとパスワードのどちらかが未入力、もしくは双方が未入力のまま「ログイン」をクリックすると、「ログインIDとパスワードは必須入力です」のエラーメッセージが出力されます（図10-2）。

● 図10-2　ログイン失敗（その1）

また、ログインIDとパスワードとも入力しているが、表10-1で登録されたもの以外を入力し「ログイン」をクリックすると、「ログインIDまたはパスワードが違います」のエラーメッセージが出力されます（図10-3）。

CHAPTER 10 Webシステムを作成しよう

● 図10-3 ログイン失敗 (その2)

　どちらも登録されているものを入力して「ログイン」をクリックすると、ユーザー情報と掲示板が表示されているページへ遷移します。**図10-4**はログインIDを「yamada」、パスワードを「pass1」と入力してログインした場合の表示結果です。

● 図10-4 ログイン成功

216

10-1-3 掲示板の概要

　この掲示板システムでは、図10-4にある「今の気持ちを叫ぼう」欄に何も入力しないで「叫ぶ」をクリックすると、同じページに遷移します（特に変化は起こりません）。

　「今の気持ちを叫ぼう」欄に何らかのメッセージを入力して「叫ぶ」をクリックすると、同じページに遷移し、「みんなの叫び」欄にメッセージが追加されます。図10-5は「Hello World!!」と入力した場合の例です。

● 図10-5　メッセージ追加

　「ログインユーザー情報」欄にある「ログアウト」をクリックすると、ログイン画面に遷移します。機能としては以上です。

　これからプログラムとしての動作を解説していきます。

10-2 ログイン認証

10-1では、サンプルとして用意したプログラムを実行して動作を確認しました。ここからログイン認証に関連するプログラムを中心にプログラミングのポイントを中心に解説していきます。

10-2-1 掲示板システムのプログラム関連図

掲示板システムでは図10-6のように各プログラムが処理を担っています。

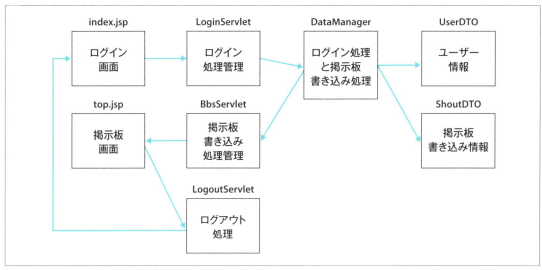

● 図10-6　ファイルの関連図

以降でこれらの処理について見ていきましょう。

10-2-2 JSPからのサーブレット呼び出し

掲示板システムは、index.jspから処理を開始します（リスト10-1）。

▼ リスト10-1　サンプルプログラム（index.jsp、一部抜粋）

```
28:   <%-- action 属性にサーブレットを指定 --%>
29:   <form action="./login" method="post">
30:     <table style="width: 400px" class="table">
31:       <tr>
32:         <%-- ログインID入力欄の名前はloginId --%>
```

続く➡

```
33:        <td class="color-main text-left">ログインID</td>
34:        <td class="text-left"><input class="form-control" type="text"
35:          name="loginId" value="" size="20" /></td>
36:      </tr>
37:      <tr>
38:        <%-- パスワード入力欄の名前はpassword --%>
39:        <td class="color-main text-left">パスワード</td>
40:        <td class="text-left"><input class="form-control"
41:          type="password" name="password" value="" size="20" /></td>
42:      </tr>
43:      <tr>
44:        <td colspan="2" class="text-right"><input class="btn"
45:          type="submit" value="ログイン" /></td>
46:      </tr>
47:      <%-- リクエストスコープにalertがあれば --%>
48:      <c:if
49:        test="${requestScope.alert != null && requestScope.alert != ''}">
50:        <tr>
51:          <%-- リクエストスコープの alert の値を出力 --%>
52:          <td colspan="2" class="color-error text-left"><c:out
53:              value="${requestScope.alert}" /></td>
54:        </tr>
55:      </c:if>
56:    </table>
57: </form>
```

リスト10-1でポイントとなる記述は以下の3点です。

● サーブレットの呼び出し

まず1点目は、JSPで作成したフォームからのサーブレットを呼び出しです。**リスト
10-2**のように<form>タグのaction属性に記述しています。

▼ **リスト10-2 action属性でサーブレットを呼び出す**

```
29: <form action="./login" method="post">
```

「.」はカレントディレクトリ(現在の位置から…という意味)を示します。その後にサー
ブレットに記述したアノテーション@WebServletで指定したもの("./login")を記述して
います。

● サーブレットへ送信する値

2点目はサーブレットに送信する値についてです。

リスト10-1では、**リスト10-3**の個所でログインID、**リスト10-4**の個所でパスワード
について記述しています。

CHAPTER 10　Webシステムを作成しよう

▼ リスト10-3　サーブレットへ送信する値（ログインID）

```
32: <%-- ログインID入力欄の名前はloginId --%>
33: <td class="color-main text-left">ログインID</td>
34: <td class="text-left"><input class="form-control" type="text"
35:   name="loginId" value="" size="20" /></td>
```

▼ リスト10-4　サーブレットへ送信する値（パスワード）

```
38: <%-- パスワード入力欄の名前はpassword --%>
39: <td class="color-main text-left">パスワード</td>
40: <td class="text-left"><input class="form-control"
41:   type="password" name="password" value="" size="20" /></td>
```

ここでは、送信先のサーブレットで指定しているname属性の値だけ押さえておけば良いでしょう。

● エラーメッセージの出力

3点目はエラーメッセージの出力についてです。エラーメッセージの出力は、JSTLとEL式を使って行います（リスト10-5）。

▼ リスト10-5　エラーメッセージの出力

```
47: <%-- リクエストスコープにalertがあれば --%>
48: <c:if
49:   test="${requestScope.alert != null && requestScope.alert !=
    ''}">
50:   <tr>
51:     <%-- リクエストスコープのalertの値を出力 --%>
52:     <td colspan="2" class="color-error text-left"><c:out
53:         value="${requestScope.alert}" /></td>
54:   </tr>
55: </c:if>
```

エラーメッセージは、リクエストオブジェクトのalertという名前に格納されます。alertが存在する場合のみ、値を取り出して出力します。

10-2-3 ▶ フォームから送信されたデータの取得

リスト10-1（index.jsp）のフォームデータは、LoginServlet.javaへと送信されます（リスト10-6）。

▼ リスト10-6　サンプルプログラム（LoginServlet.java、一部抜粋）

```
18: @WebServlet("/login")
19: public class LoginServlet extends HttpServlet {
```
続く ➡

220

(略)

```
29:        // index.jspの「ログイン」ボタンから呼び出される
30:        protected void doPost(HttpServletRequest request,
    HttpServletResponse response)
31:              throws ServletException, IOException {
32:            // 送信情報の取得
33:            String loginId = request.getParameter("loginId");
34:            String password = request.getParameter("password");
35:
36:            RequestDispatcher dispatcher = null;
37:            String message = null;
38:
39:            if (loginId.equals("") || password.equals("")) {
40:                // ログインID かパスワードどちらか、もしくは双方未入力なら
41:                message = "ログインIDとパスワードは必須入力です";
42:
43:                // エラーメッセージをリクエストオブジェクトに保存
44:                request.setAttribute("alert", message);
45:
46:                // index.jsp に処理を転送
47:                dispatcher = request.getRequestDispatcher("index.jsp");
48:                dispatcher.forward(request, response);
49:            } else {
50:                // ログイン認証を行い、ユーザー情報を取得
51:                DataManager dbm = new DataManager();
52:                UserDTO user = dbm.getLoginUser(loginId, password);
53:
54:                if (user != null) {
55:                    // ユーザー情報を取得できたら、書き込み内容リストを取得
56:                    ArrayList<ShoutDTO> list = dbm.getShoutList();
57:                    HttpSession session = request.getSession();
58:
59:                    // ログインユーザー情報、書き込み内容リストとしてセッションに保存
60:                    session.setAttribute("user", user);
61:                    session.setAttribute("shouts", list);
62:
63:                    // 処理の転送先をtop.jspに指定
64:                    dispatcher = request.getRequestDispatcher("top.jsp");
65:                } else {
66:                    // ユーザー情報が取得できない場合
67:                    // エラーメッセージをリクエストオブジェクトに保存
68:                    message = "ログインIDまたはパスワードが違います";
69:                    request.setAttribute("alert", message);
70:
71:                    // 処理の転送先をindex.jspに指定
72:                    dispatcher = request.getRequestDispatcher("index.
    jsp");
73:                }
74:
```

CHAPTER 10 Webシステムを作成しよう

```
75:        // 処理を転送
76:        dispatcher.forward(request, response);
77:     }
78:  }
```

リスト10-6でポイントとなる記述は以下の3点です。

● フォーム入力値を取得する処理

まず1点目は、フォームに入力された値を取得する処理です。該当するのは**リスト 10-7**の個所です。

▼ **リスト10-7　フォーム入力値を取得する処理**

```
33: // 送信情報の取得
34: String loginId = request.getParameter("loginId");
35: String password = request.getParameter("password");
```

doPostメソッドの第1引数が持つgetParameterメソッドに、フォームコントロール のname属性の値を指定します。なお戻り値はString型となりますので、数値として扱 う場合は変換処理が必要なことに注意してください。

● 未入力と判定された場合の処理

2点目は、ログインIDとパスワードが未入力と判定された場合の処理です。該当する のは**リスト10-8**の個所です。

▼ **リスト10-8　未入力と判定された場合の処理**

```
40:    // ログインIDかパスワードどちらか、もしくは双方未入力なら
41:    message = "ログインIDとパスワードは必須入力です";
42:
43:    // エラーメッセージをリクエストオブジェクトに保存
44:    request.setAttribute("alert", message);
45:
46:    // index.jspに処理を転送
47:    dispatcher = request.getRequestDispatcher("index.jsp");
48:    dispatcher.forward(request, response);
```

44行目ではdoPostメソッドの第1引数が持つsetAttributeメソッドに「名前」「値」の順 に引数指定することで、リクエストオブジェクトにエラーメッセージを格納しています。

その後、47行目でindex.jspに処理を転送することで、エラーメッセージを出力します。 **10-2-2**の3つ目のポイントで触れたalertは、44行目でsetAttributeを行ったalertを 指しています。

222

● 入力されたと判定された場合の処理

3点目は、ログインIDとパスワードが入力されていると判定された場合、ログイン認証を行います。詳細は**10-2-4**で解説します。

10-2-4 ▷ 認証結果によるページの遷移

ログインID欄とパスワード欄の両方に値が入力された場合は、ログイン認証の処理を行います。

● ログイン認証の処理

ログイン認証の処理は、**リスト10-9**の個所で行っています。

▼ **リスト10-9　ログイン認証の処理**

```
51:  DataManager dbm = new DataManager();
52:  UserDTO user = dbm.getLoginUser(loginId, password);
```

詳細は後述しますが、DataManagerクラスのgetLoginUserメソッドに「ログインID」「パスワード」の順に引数を指定することで、一致したユーザー情報を持ったUserDTO型のオブジェクトの参照が戻ってきます。なお、一致するユーザー情報が無い場合はnullが戻ります。

● ユーザー情報が存在した場合

ユーザー情報が存在した場合(nullではない場合)の処理は**リスト10-10**のとおりです。

▼ **リスト10-10　ユーザー情報が存在した場合の処理**

```
55:  // ユーザー情報を取得できたら、書き込み内容リストを取得
56:  ArrayList<ShoutDTO> list = dbm.getShoutList();
57:  HttpSession session = request.getSession();
58:
59:  // ログインユーザー情報、書き込み内容リストとしてセッションに保存
60:  session.setAttribute("user", user);
61:  session.setAttribute("shouts", list);
62:
63:  // 処理の転送先をtop.jspに指定
64:  dispatcher = request.getRequestDispatcher("top.jsp");
```

DataManagerクラスのgetShoutListを呼び出すと、これまで掲示板に書き込んだ内容がリストで戻ってきます。書き込み内容1件分のデータはShoutDTO型で扱い、その集合をArrayList型で扱う形式になっています。

ユーザー情報と書き込み内容のリストをそれぞれ「user」、「shout」という名前でセッ

CHAPTER 10　Webシステムを作成しよう

ションに登録し、処理の転送先をtop.jsp（後述）に指定しています。

● ユーザー情報がnullの場合

ユーザー情報がnullの場合の処理は**リスト10-11**のとおりです。

▼ **リスト10-11　ユーザー情報がnullの場合の処理**

```
66:  // ユーザー情報が取得できない場合
67:  // エラーメッセージをリクエストオブジェクトに保存
68:  message = "ログインIDまたはパスワードが違います";
69:  request.setAttribute("alert", message);
70:
71:  // 処理の転送先をindex.jspに指定
72:  dispatcher = request.getRequestDispatcher("index.jsp");
```

メッセージの内容は異なりますが、リクエストオブジェクトに「alert」という名前で値を格納し、転送先を元のページに指定します。判定の真偽によらず、最後に76行目のforwardメソッドで処理を転送して終了します。

● ユーザー情報を保持するクラス

ログイン認証が通った場合はtop.jspへ、通らない場合はその原因をリクエストオブジェクトのalertに格納して、index.jspへ処理が転送されることが確認できました。

次にこれまでの処理中に出てきたクラスを見ていきましょう（**リスト10-12**）。

▼ **リスト10-12　サンプルプログラム（UserDTO.java、一部抜粋）**

```
03:  // ユーザー情報を保持するクラス
04:  public class UserDTO {
05:      private String loginId;        // ログインID
06:      private String password;    // パスワード
07:      private String userName;    // ユーザー名
08:      private String icon;          // ユーザーアイコン
09:      private String profile;        // プロフィール
10:
11:      public UserDTO() {
12:
13:      }
14:
15:      public UserDTO(String loginId, String password, String
     userName, String icon, String profile) {
16:          this.loginId = loginId;
17:          this.password = password;
18:          this.userName = userName;
19:          this.icon = icon;
20:          this.profile = profile;
21:      }
```

224

リスト10-12（UserDTO）は、ユーザーのデータを保持するクラスです。「ログインID」「パスワード」「ユーザー名」「ユーザーアイコン」「プロフィール」を1つのクラスとして管理しています。このファイルはDTOですので、データを保持する以外の機能は持っていません。

● 書き込み1件分のデータを保持するクラス

コンストラクタは、JavaBeansの仕様に則って引数無しのものを用意していますが、基本的にはオブジェクト生成時にパラメータを渡して初期化を実行しています（リスト10-13）。

▼ リスト10-13　サンプルプログラム（ShoutDTO.java、一部抜粋）

```
04: // 書き込み内容を保持するクラス
05: public class ShoutDTO {
06:     private String userName;    // ユーザー名
07:     private String icon;        // ユーザーアイコン
08:     private String date;        // 書き込み日時
09:     private String writing;         // 書き込み内容
10:
11:     public ShoutDTO() {
12:
13:     }
14:
15:     public ShoutDTO(String userName, String icon, String date,
    String writing) {
16:         this.userName = userName;
17:         this.icon = icon;
18:         this.date = date;
19:         this.writing = writing;
20:     }
```

リスト10-13（ShoutDTO.java）は、ユーザーによる掲示板への書き込み1件分のデータを保持するクラスです。「ユーザー名」「ユーザーアイコン」「日付」「書き込み内容」を1つのクラスとして管理しています。

リスト10-12（UserDTO）と同様に、データを保持する以外の機能は持っていません。コンストラクタについても同様です。

● ユーザー情報と、そのユーザーのすべての書き込みを保持するクラス

DataManagerクラスはUserDTOとShoutDTOをリストとしてメンバ変数に持っています（リスト10-14）。コンストラクタで、それぞれのリストにデータを追加していますが、Chapter 11でデータベースからのデータを取得する部分になります。

CHAPTER 10　Webシステムを作成しよう

▼ リスト10-14　サンプルプログラム（DataManager.java、一部抜粋）

```
10:  public class DataManager {
11:      private ArrayList<UserDTO> userList;     // 登録ユーザー情報リスト
12:      private ArrayList<ShoutDTO> shoutList;     // 書き込み内容リスト
13:
14:      public DataManager() {
15:          // 登録ユーザー情報を生成し、リストに追加
16:          userList = new ArrayList<UserDTO>();
17:          UserDTO udto;
18:          udto = new UserDTO("yamada", "pass1", "山田　太郎", "icon-user",
     "はじめまして");
19:          userList.add(udto);
20:          udto = new UserDTO("suzuki", "pass2", "鈴木　花子", "icon-user-female",
     "東京都在住です");
21:          userList.add(udto);
22:          udto = new UserDTO("itou", "pass3", "伊藤　恵", "icon-bell", "趣味は読書
     ");
23:          userList.add(udto);
24:          shoutList = new ArrayList<ShoutDTO>();
25:
26:          // 書き込み情報を生成し、リストに追加
27:          ShoutDTO sdto;
28:          sdto = new ShoutDTO("テスト", "icon-rocket", " 2017-01-02 12:34:56",
     "こんばんは");
29:          shoutList.add(sdto);
30:      }
31:
32:      // ログインID とパスワードを受け取り、登録ユーザー一覧に一致したものがあるか検索
33:      public UserDTO getLoginUser(String loginId, String password) {
34:          UserDTO user = null;
35:
36:          for(UserDTO u : userList){
37:              if(u.getLoginId().equals(loginId) && u.getPassword().equals
     (password)){
38:                  // 一致したものがあれば、そのユーザー情報の参照を戻す
39:                  user = u;
40:              }
41:          }
42:
43:          return user;
44:      }
45:
46:      // 書き込み内容リストのgetter
47:      public ArrayList<ShoutDTO> getShoutList() {
48:          return shoutList;
49:      }
50:
51:      // ログインユーザー情報と書き込み内容を受け取り、リストに追加する
52:      public void setWriting(UserDTO user, String writing) {
```

続く ➡

```
53:            ShoutDTO s = new ShoutDTO();
54:
55:            s.setUserName(user.getUserName());
56:            s.setIcon(user.getIcon());
57:            Calendar calender = Calendar.getInstance();
58:            SimpleDateFormat sdf = new SimpleDateFormat("yyyy-MM-dd hh:mm:ss");
59:            s.setDate(sdf.format(calender.getTime()));
60:            s.setWriting(writing);
61:
62:            shoutList.add(0, s);
63:        }
64: }
```

33行目のgetLoginUserは、ログイン認証で呼び出したメソッドです。36行目以降でuserListに格納したすべてのUserDTOオブジェクトにアクセスし、引数で受け取ったログインIDとパスワードが共に一致したら、そのオブジェクトの参照を戻り値として返します。

47行目のgetShoutListはshoutListのgetterです。

52行目のsetWritingでは、掲示板に書き込まれた内容をリストに追加します。引数はユーザー情報と書き込み内容です。

ShoutDTOオブジェクトが管理する「ユーザー名」「ユーザーアイコン」は第1引数から、「書き込み内容」は第2引数の値をそのまま取り出しています(55〜56行目)。

「日付」はJava APIのCalenderクラスを用いて取得した現在日時を同じくSimpleDateFormatクラスのformatメソッドを用いて「yyyy-MM-dd hh:mm:ss」形式にして、それぞれのsetterを呼び出して値を格納しています(57〜59行目)。

62行目のaddメソッドを用いて追加しますが、**最新の書き込み情報がリストの先頭に来る**ように、第1引数に0を指定しています。なお、このメソッドは**10-3**で解説する機能で利用されます。

CHAPTER 10　Webシステムを作成しよう

10-3 掲示板への書き込み

10-2でログイン認証が正しく終了すると、top.jspにページが遷移（処理が転送）します。
遷移先で掲示板に書き込みされますが、関連するプログラムについてポイントとなる点を中心に解説して
いきます。

10-3-1 ▶ セッションによるデータの管理

掲示板への書き込み処理についてサンプルプログラムを確認していきましょう（リス
ト10-15）。

▼ リスト10-15　サンプルプログラム（top.jsp、一部抜粋）

```
26: <%-- セッションスコープにある UserDTO型のオブジェクトを参照 --%>
27: <jsp:useBean id="user" scope="session" type="dto.UserDTO" />
28: <div class="padding-y-5">
29:   <div style="width: 40%" class="container padding-y-5">
30:     <%-- action 属性にサーブレットを指定 --%>
31:     <form action="./logout" method="post">
32:       <table class="table table-bordered">
33:         <tr>
34:           <td rowspan="2" class="text-center"><span
35:             class="${user.icon} pe-3x pe-va"></span></td>
36:           <td width="256">${user.userName}</td>
37:           <td><input class="btn btn-light" type="submit" value="ログアウト" />
    </td>
38:         </tr>
39:         <tr>
40:           <td colspan="2">${user.profile}</td>
41:         </tr>
42:       </table>
43:     </form>
44:   </div>
45: </div>
    (略)
46: <%-- action 属性にサーブレットを指定 --%>
47: <form action="./bbs" method="post">
48:   <table class="table">
49:     <tr>
50:       <%-- 今の気持ち入力欄の名前は shout --%>
51:       <td><input class="form-control" type="text" name="shout"
```

続く➡

228

```
52:             value="" size="60" /></td>
53:           <td><input class="btn" type="submit" value="叫ぶ" /></td>
54:         </tr>
55:       </table>
56:   </form>
      (略)
71:   <%-- セッションスコープにあるArrayList型のオブジェクトを参照 --%>
72:   <jsp:useBean id="shouts" scope="session"
73:     type="java.util.ArrayList<dto.ShoutDTO>" />
74:   <div class="padding-y-5">
75:     <div style="width: 40%" class="container padding-y-5">
76:       <%-- リストにある要素の数だけ繰り返し --%>
77:       <c:forEach var="shout" items="${shouts}">
78:         <table class="table table-striped table-bordered">
79:           <tr>
80:             <td rowspan="2" class="text-center"><span
81:               class="${shout.icon} pe-3x pe-va"></span></td>
82:             <td>${shout.userName}</td>
83:           </tr>
84:           <tr>
85:             <td>${shout.date}</td>
86:           </tr>
87:           <tr>
88:             <td colspan="2"><textarea rows="5" class="form-control">${shout.
    writing}</textarea>
89:             </td>
90:           </tr>
91:         </table>
92:       </c:forEach>
93:     </div>
94:   </div>
```

27行目からの<jsp:useBean>タグは、指定したスコープからオブジェクトの参照を取り出すものです。属性のidは「変数名」、scopeは「参照する範囲」、typeは「参照するデータ型」になります（リスト10-16）。

▼ リスト10-16　スコープからオブジェクトの参照を取り出す

```
27: <jsp:useBean id="user" scope="session" type="dto.UserDTO" />
```

リスト10-16ではスコープにsessionを指定し、そこにあるdto.UserDTO型のオブジェクトを取り出してuserという変数に代入しています。

ここで取り出されるのはLoginServlet.javaでセットしたユーザー情報です。以降は式言語を使い、例えば${user.userName}と記述することで、UserDTOオブジェクトが持つgetUserNameメソッドが呼ばれ、メンバ変数userNameの値が取得されます。

47行目からの<form>タグはコメントを入力して投稿するフォームです。入力欄の

CHAPTER 10　Webシステムを作成しよう

name属性にshoutという値が指定されていることを押さえておいてください。

10-3-2 ▶ コレクションを使った書き込みデータの管理

72行目からの<jsp:useBean>タグは先と同様のものですが、処理としては過去の書き込み内容を出力しています（リスト10-17）。

▼ リスト10-17　過去の書き込み内容を出力

```
72:  <jsp:useBean id="shouts" scope="session"
73:    type="java.util.ArrayList<dto.ShoutDTO>" />
```

リスト10-17では、スコープにsessionを指定し、そこにあるdto.ShoutDTO型のコレクションであるArrayListオブジェクトを取り出し、shoutsという変数に代入します。ここで取り出されるのはLoginServlet.javaでセットした書き込み内容になります。

リストの中にあるすべての書き込み内容を表示するために、繰り返し処理を行う必要があります。繰り返しは<c:forEach>タグで行います（**リスト10-18**）。

▼ リスト10-18　繰り返し処理

```
77:  <%-- リストにある要素の数だけ繰り返し --%>
78:  <c:forEach var="shout" items="${shouts}">
```

リスト10-18では、リストを参照しているshoutsの中にある書き込み内容1件分をshoutに代入して、閉じるタグの間までの処理を行います。Javaの拡張forと同じように、リストに格納されたオブジェクトの数だけ繰り返されます。以降の式言語を使った出力に関しては先ほどの解説したものと変わりません。

10-3-3 ▶ ログアウト処理

最後に、ログアウトボタンを押したときに処理を転送するサーブレットを確認してみましょう（**リスト10-19**）。

▼ リスト10-19　サンプルプログラム（LogoutServlet.java、一部抜粋）

```
13:  @WebServlet("/logout")
14:  public class LogoutServlet extends HttpServlet {
     （略）
17:      // 直接アクセスがあった場合はindex.jspに処理を転送
18:      protected void doGet(HttpServletRequest request, Http
     ServletResponse response)
19:          throws ServletException, IOException {
20:        RequestDispatcher dispatcher = request.getRequest  続く➡
```

```
        Dispatcher("index.jsp");
21:         dispatcher.forward(request, response);
22:     }
23:
24:     // top.jspの「ログアウト」ボタンから呼び出される
25:     protected void doPost(HttpServletRequest request, HttpServletResponse response)
26:         throws ServletException, IOException {
27:         // セッションを破棄
28:         HttpSession session = request.getSession();
29:         session.invalidate();
30:
31:         // doGetメソッドを呼び出し、index.jspに処理を転送
32:         doGet(request, response);
33:     }
```

リスト 10-15（top.jsp）で「ログアウト」をクリックするとPOST送信が実行され、doPostメソッドが呼び出されます（25行目）。

呼び出されたdoPostメソッドではsessionを破棄して（28〜29行目）、doGetメソッドを呼び出します。そしてdoGetメソッドでは処理の転送先をリスト10-1（index.jsp）に指定して処理を転送し、最初のログインページが出力されます（32行目）。

要点整理

- ✔ クライアントへの出力は JSP に記述する
- ✔ クライアントからのリクエストはサーブレットで受け取り、処理を振り分ける
- ✔ 出力に必要なデータは、Javaのクラスで管理する
- ✔ エラーメッセージのように1回だけ表示すれば良いものはリクエストスコープで扱う
- ✔ ログインユーザー情報や書き込み内容のようにシステム稼働中保持しておくものはセッションスコープで扱う

CHAPTER 10　Webシステムを作成しよう

問題1　Webシステムで用いられるJavaの関連技術について、誤っているものを次のうちから1つ選択してください。

（A）JSPはHTMLをベースとした記述法なので、クライアントへの出力を行うのに向いている。
（B）JSPはサーブレットで格納されたデータを取得して出力に反映するなど、ほかのJava技術とデータの受け渡しができる。
（C）サーブレットはJavaをベースとした記述法なので、クライアントからのリクエストを受け取って、状態を判断し、必要なJavaの処理を呼び出すのに向いている。
（D）JSPだけでもサーブレットだけでもWebシステムは作成できるので、どちらかに統一した方が良い。

問題2　Webシステムで用いられるJavaの関連技術について、誤っているものを次のうちから1つ選択してください。

（A）JSPからサーブレットを呼び出す場合、<form>タグのaction属性に「.サーブレットに記述したWebServletのアノテーション」と記述する。
（B）サーブレットからJSPを呼び出す場合、RequestDispatcherクラスの機能を用いて処理を転送する。
（C）スコープのリクエストもセッションもできることは同じなので、好きなほうを使えば良い。
（D）サーブレットから、自分で定義したクラスをインスタンス化してメソッドを呼び出すことができる。

CHAPTER 11

Webシステムで
データベースを利用しよう

　本章では、Chapter 10で作成したWebシステムをデータベース対応にするための方法を解説します。

本章のサンプルプログラム

本章で扱うサンプルは右の場所にあります。パッケージ・エクスプローラーにあるアイコンの「>」をクリックすると詳細を展開できます。ファイル名をダブルクリックすると、画面中央のエディタにプログラムが表示されます。

11-1 データベースを利用する方式への変更	P.234
11-2 データベースを使ったログイン認証	P.235
11-3 データベースによる書き込みデータ管理	P.241

CHAPTER 11　Webシステムでデータベースを利用しよう

11-1 データベースを利用する方式への変更

Chapter 10で作成したシステムを、データベースを利用したものに変更してみましょう。プログラムの実行結果は同じですが、実際に確かめてみましょう。

11-1-1 ▷ データベースを利用した実行方法

● 実行方法

サーブレットの実行については**7-2-3**を参照してください。ここでは、構成済みプロジェクトとして「Chapter11」を追加します。なお、「Chapter11」プロジェクトのコンテキスト・ルートは「c11」で設定しています。

サーバーを起動し、状態が［始動済み、同期済み］になっていることを確認してから、ブラウザを起動し、以下のURLを入力します。

```
http://localhost:8080/c11/index.jsp
```

● 実行結果

URLを実行すると**図**11-1のように表示されます。**Chapter 10**の実行結果（図10-1）と同じ画面が表示されたことがわかります。

● 図11-1　サーブレットの実行結果

234

11-2 データベースを使ったログイン認証

データベース利用による変更個所を中心に解説していきます。

11-2-1 データベースを利用したシステム概要

データベースを利用した場合の各ファイルの関連は図11-2のとおりです。点線部分はChapter 10と変更がない部分です。

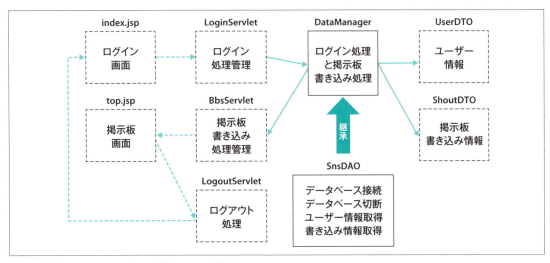

●図11-2 データベースを利用する場合のシステム概要

データベースを利用する場合の新規サーブレットであるSnsDAO.javaは**リスト**11-1、変更が入ったDBManager.javaは**リスト**11-2のとおりです。

▼リスト11-1 サンプルプログラム（SnsDAO.java、一部抜粋）

```
09: public class SnsDAO {
10:     private final String DSN = "jdbc:mysql://localhost:3306/sns?useSSL=false";
11:     private final String USER = "root";
12:     private final String PASSWORD = "root";
13:
14:     // データベースの接続情報を返す
15:     public Connection getConnection(){
16:         Connection conn = null;
17:
```

続く➡

CHAPTER 11　Webシステムでデータベースを利用しよう

```java
18:        try {
19:            // JDBCドライバのロード
20:            Class.forName("com.mysql.jdbc.Driver");
21:
22:            // データベースへ接続
23:            conn = DriverManager.getConnection(DSN, USER, PASSWORD);
24:        }catch(ClassNotFoundException e){
25:            e.printStackTrace();
26:        }catch(SQLException e){
27:            e.printStackTrace();
28:        }
29:
30:        return conn;
31:    }
32:
33:    // Connection型変数が持つデータベースとJDBCリソースの解放
34:    public void close(Connection conn) {
35:        if(conn != null){
36:            try {
37:                conn.close();
38:            } catch (SQLException e) {
39:                e.printStackTrace();
40:            }
41:        }
42:    }
43:
44:    // Statement型変数が持つデータベースとJDBCリソースの解放
45:    public void close(Statement stmt) {
46:        if(stmt != null){
47:            try {
48:                stmt.close();
49:            } catch (SQLException e) {
50:                e.printStackTrace();
51:            }
52:        }
53:    }
54:
55:    // ResultSet型変数が持つデータベースとJDBCリソースの解放
56:    public void close(ResultSet rset) {
57:        if(rset != null){
58:            try {
59:                rset.close();
60:            } catch (SQLException e) {
61:                e.printStackTrace();
62:            }
63:        }
64:    }
65: }
```

236

▼ リスト11-2　サンプルプログラム（DBManager.java、一部抜粋）

```java
15:  public class DBManager extends SnsDAO {
16:
17:      // ログインIDとパスワードを受け取り、登録ユーザー一覧に一致したものがあるか検索
18:      public UserDTO getLoginUser(String loginId, String password) {
19:          Connection conn = null;                      // データベース接続情報
20:          PreparedStatement pstmt = null;              // SQL 管理情報
21:          ResultSet rset = null;                       // 検索結果
22:
23:          String sql = "SELECT * FROM users WHERE loginId=? AND password=?";
24:          UserDTO user = null;     // 登録ユーザー情報
25:
26:          try {
27:              // データベース接続情報取得
28:              conn = getConnection();
29:
30:              // SELECT 文の登録と実行
31:              pstmt = conn.prepareStatement(sql);      // SELECT 構文登録
32:              pstmt.setString(1, loginId);
33:              pstmt.setString(2, password);
34:              rset = pstmt.executeQuery();
35:
36:              // 検索結果があれば
37:              if (rset.next()) {
38:                  // 必要な列から値を取り出し、ユーザー情報オブジェクトを生成
39:                  user = new UserDTO();
40:                  user.setLoginId(rset.getString(2));
41:                  user.setPassword(rset.getString(3));
42:                  user.setUserName(rset.getString(4));
43:                  user.setIcon(rset.getString(5));
44:                  user.setProfile(rset.getString(6));
45:              }
46:          } catch (SQLException e) {
47:              e.printStackTrace();
48:          } finally {
49:              // データベース切断処理
50:              close(rset);
51:              close(pstmt);
52:              close(conn);
53:          }
54:
55:          return user;
56:      }
57:
58:      // 書き込み内容リストの getter
59:      public ArrayList<ShoutDTO> getShoutList() {
60:          Connection conn = null;
61:          Statement pstmt = null;
62:          ResultSet rset = null;
```

続く➡

CHAPTER 11　Webシステムでデータベースを利用しよう

```
63:
64:          ArrayList<ShoutDTO> list = new ArrayList<ShoutDTO>();
65:
66:          try {
67:              // データベース接続処理
68:              conn = getConnection();
69:              pstmt = conn.createStatement();
70:
71:              // SELECT 文の実行
72:              String sql = "SELECT * FROM shouts ORDER BY date DESC";
73:              rset = pstmt.executeQuery(sql);
74:
75:              // 検索結果の数だけ繰り返す
76:              while (rset.next()) {
77:                  // 必要な列から値を取り出し、書き込み内容オブジェクトを生成
78:                  ShoutDTO shout = new ShoutDTO();
79:                  shout.setUserName(rset.getString(2));
80:                  shout.setIcon(rset.getString(3));
81:                  shout.setDate(rset.getString(4));
82:                  shout.setWriting(rset.getString(5));
83:
84:                  // 書き込み内容をリストに追加
85:                  list.add(shout);
86:              }
87:          } catch (SQLException e) {
88:              e.printStackTrace();
89:          } finally {
90:              // データベース切断処理
91:              close(rset);
92:              close(pstmt);
93:              close(conn);
94:          }
95:
96:          return list;
97:      }
98:
99:      // ログインユーザー情報と書き込み内容を受け取り、リストに追加する
100:     public boolean setWriting(UserDTO user, String writing) {
101:         Connection conn = null;
102:         PreparedStatement pstmt = null;
103:
104:         boolean result = false;
105:         try {
106:             conn = getConnection();
107:
108:             // INSERT文の登録と実行
109:             String sql = "INSERT INTO shouts(userName, icon, date, writing)
    VALUES(?, ?, ?, ?)";
110:             pstmt = conn.prepareStatement(sql);
```

続く➡

238

```
111:            pstmt.setString(1, user.getUserName());
112:            pstmt.setString(2, user.getIcon());
113:            // 現在日時の取得と日付の書式指定
114:            Calendar calender = Calendar.getInstance();
115:            SimpleDateFormat sdf = new SimpleDateFormat("yyyy-MM-dd hh:mm:
    ss");
116:            pstmt.setString(3, sdf.format(calender.getTime()));
117:            pstmt.setString(4, writing);
118:
119:            int cnt = pstmt.executeUpdate();
120:            if (cnt == 1) {
121:                // INSERT文の実行結果が1なら登録成功
122:                result = true;
123:            }
124:        } catch (SQLException e) {
125:            e.printStackTrace();
126:        } finally {
127:            // データベース切断処理
128:            close(pstmt);
129:            close(conn);
130:        }
131:
132:        return result;
133:    }
134: }
```

11-2-2 ▶ 認証方法の変更

DataManagerクラスでは、インスタンス時にユーザー情報や書き込み内容をリストに登録していましたが、データベースへの問い合わせに変更しています。ログイン認証を行いユーザー情報を返すgetLoginUserメソッドは**Chapter 9**で触れたものです。

データベースを利用するメリットは、データの増減や修正がプログラムから分離されたところで行われることです。実行結果は変わりませんが、Webシステム全体として、以下のような役割分担が明確にできることを確認してください。

- クライアントへの結果の出力はJSPで行う
- クライアントからのリクエストやレスポンスはサーブレットで行い、必要に応じてJavaのクラスを利用する
- データベースへの問い合わせなど、機能ごとに行う処理はJavaで行う
- データの管理はデータベースで行う

特にJSPとサーブレットは**できることは同じですが、得意とするところは異なる**ため、その違いを理解しておいてください。

CHAPTER 11　Webシステムでデータベースを利用しよう

11-2-3 ▶ DAOとDTOの利用

　ログイン認証後、top.jspで出力される書き込み一覧を返すgetShoutListメソッドを通じて、改めてDAOとDTOの役割を確認しましょう。

　「データベースの接続処理」のコメント部については、必要なデータや命令はSnsDAOで定義されているので、SnsDAOのgetConnectionメソッドを呼び出すだけで、データベースの接続情報が取得できます。

　その後、shoutsテーブルからすべての書き込み情報を検索していますが、ログインユーザー情報の検索処理と違うところは**複数件のデータが返ってくる**ことです。よって書き込み情報は、それらの1件1件をまとめたリストとして扱う必要があります。

　「検索結果の数だけ繰り返す」のコメント部で、検索結果の数だけShoutDTOをインスタンス化してリストに追加しています。Webシステムでデータベースにあるデータを扱うためのポイントを以下に挙げます。

- ・検索したデータ1件分は、データを保持する役割に特化したクラス（DTO）で扱う
- ・複数件のデータがある場合は、コレクション（リスト）で扱う
- ・リストの参照をリクエストスコープやセッションスコープに保存することで、ほかのプログラムに容易にデータを渡すことができる

　JSPやサーブレットの役割分担が理解できたら、データの受け渡し方法も理解しておく必要があります。

240

11-3 データベースによる書き込みデータ管理

ここでは、現在日時の取得方法とデータベースへの挿入処理について解説していきます。

11-3-1 書き込み方法の変更

　DataManagerクラスにはChapter 9では無かったメソッドがもう1つあります。それはユーザーが書き込んだ内容をデータベースのshouts表に挿入するsetWritingメソッドです。

　データベース接続からSQL文の実行までの流れは同じですが、「現在日時の取得と日付の書式指定」コメント部について補足します。

　日時についての情報は、Calenderクラスとして提供されています。このクラスは直接インスタンス化できず、getInstanceメソッドを呼び出すことで、現在日時情報を持ったオブジェクトを取得します。取得したオブジェクトには年月日、日時秒のほかに曜日の情報も格納されているため、必要な分だけを書式指定する必要があります。

　日時情報の書式指定にはSimpleDateFormatクラスが提供されています。インスタンス時に書式指定を行い対象データを引数にformatメソッドを呼び出すと、書式指定にならった文字列としてデータが返されます。

　各値を設定したらexecuteUpdateメソッドを実行して、データベースへ挿入処理を行っています。

　戻り値は「更新された件数」ですので、INSERTが成功すれば1が返ってきます。よって、その後の条件分岐は「挿入処理が成功したか」の判断を行っており、成功した場合はtrue、失敗した場合はfalseを返す処理になります。

要点整理

- ✓ JSP、サーブレット、Javaには、それぞれ得意な役割がある
- ✓ データの管理をプログラムと分離することで、データの変更に対するプログラムの修正を減らすことができる

問題1 Java技術からのデータベース利用について、正しい内容を次のうちから1つ選択してください。

(A) 既存のシステムにおいて、データを扱う媒体がデータベースに変更されると、すべてのプログラムに大きな変更がかかる。
(B) データベースサーバーでデータを一括管理すると負担が大きいため、Javaのプログラムやほかの方法を使ってデータを保持しておくと良い。
(C) Javaでは似たような機能ごとにクラスに分けるとプログラムの管理しやすくなるので、データベース接続を行うクラス(DAO)やデータを保持するクラス(DTO)といったクラスを用いると良い。
(D) Javaで扱うすべてのデータはデータベースで管理するべきである。

**ゼロからわかる
サーブレット＆JSP超入門**

解答・解説

・この解答・解説集では、Chapter 1、Chapter 3～11 の各章末にあ
る練習問題の解答を掲載しています。

解答・解説

CHAPTER 1 練習問題 P.18

問題1

1. データベースサーバー
2. Webサーバー
3. アプリケーションサーバー

解説

1は、データを蓄積し検索などを素早く行うのはデータベースサーバーの役割です。

2は、クライアントからのリクエストや、クライアントへのレスポンスを行うWebサーバーの役割です。

3は、サーブレットが受け取ったリクエストに応じて、それぞれの処理（ビジネスロジック）を実行するのはアプリケーションサーバーの役割です。

詳細は、**1-2-3**を参照してください。

CHAPTER 3 練習問題 P.71

問題1

(B)

解説

コンストラクタの引数がString、int、doubleの順に定義されているので、文字列、整数、実数の順に渡している書式が正解になります。

詳細は、**3-2-2**を参照してください。

問題2

(C)

解説

getterはget+メンバ変数名で、変数の先頭を大文字にします。

詳細は、**3-3-1**を参照してください。

問題 3
(A)、(D)

解説
listはIntegerを扱うコレクションなので、(A)は正解になります。またJavaが持つアンボクシング機能により、Integer型は暗黙的にint型に変換されるため、(D)も正解になります。
詳細は、**3-3-2**を参照してください。

CHAPTER 4　練習問題　　　P.89

問題 1
(D)

解説
フォームコントロールをテーブルでレイアウトする場合、<form>タグの中に<table>タグを入れ子にしますので、(A)は不正解です。
また、テーブルは行を示す<tr>タグの中に列を示す<td>タグを記述しますので、(C)は不正解です。
セレクトボックスは<select>タグで実現しますので、(B)は不正解です。
詳細は、**4-1-2**を参照してください。

問題 2
(A)

解説
skyblue.cssのWebサイトに色に関する情報も載っています。
詳細は、**4-2-2**およびSkyBlue.cssのWebサイト（https://stanko.github.io/skyblue/）を参照してください。

CHAPTER 5　練習問題　P.117

問題1

(D)

解説

プロジェクトを作成する際、コンテキスト・ルートを設定しない場合は (C) が正解になります。
コンテキスト・ルートを指定すると、WebContent以下のファイルにアクセスできるので (D) が正解に
なります。
詳細は、P.106のコラムを参照してください。

問題2

(B)

解説

printlnメソッドはHTML表示で改行するわけではありません。また<%= %>に記述する式はセミコロ
ンは記述してはいけません。
詳細は、**5-3-1**を参照してください。

CHAPTER 6　練習問題　P.139

問題1

(A)

解説

処理の転送は<jsp:forward>で行います。また値を渡す際は<jsp:param>を使用します。<jsp:parameter>
タグは存在しません。
詳細は、**6-2-1**を参照してください。

246

問題2

(D)

解説

<c:if>は条件を満たした時に行う記述が書けるタグで、満たしていない時の記述は用意されていません。いわゆるif-else文を記述するには<c:choose>を使用します。<c:select>や<c:switch>タグは存在しません。

詳細は、**6-2-2**を参照してください。

⟩ CHAPTER 7　練習問題　　　　　　　　　　　P.163

問題1

(D)

解説

URLの最後に記述してある/mypjをそのまま指定したものが正解です。

詳細は、**7-2-4**を参照してください。

問題2

(B)

解説

送信データを受け取る際、requestに対して文字化け対策を行う必要があります。またgetParameterメソッドの戻り値はString型になります。

詳細は、**7-3-2**を参照してください。

247

> CHAPTER 8 練習問題   P.188 <

問題1
(C)

解説

エラーメッセージはシステム稼働中ずっと保持しておく必要が無いため、sessionやapplicationスコープを使用するまでもありません。responseスコープというのは存在しません。

詳細は、**8-1-4**を参照してください。

問題2
(A)、(D)

解説

インクルードは転送後、元のサーブレットに戻ってくるので、元のサーブレットの出力処理も行われます。フォワードは転送後、元のサーブレットには戻りません。

詳細は、**8-2-2**、**8-2-3**を参照してください。

> CHAPTER 9 練習問題   P.212 <

問題1
(D)

解説

Javaからデータベースを利用するには、以下の流れでプログラミングする必要があります。

①JDBCドライバを読み込む
②データベースへ接続して、接続情報を取得する
③SQL文を作成して、SQLの管理情報を取得する
④SQLを実行する。検索の場合は検索結果を取得する

詳細は、**9-3-2**を参照してください。

問題2

(A)、(D)

解説

「検索」は executeQuery メソッドを用いて行います。戻り値は検索結果を表形式のイメージで受け取る ResultSet 型になります。

「挿入」「更新」「削除」は executeUpdate メソッドを用いて行います。戻り値は処理した件数を受け取る int 型になります。

詳細は、**9-3-2** を参照してください。

⟩ CHAPTER 10 練習問題　　　　　　　　　　　　　P.232 ⟨

問題1

(D)

解説

JSPだけでもサーブレットだけでもWebシステムは作成できますが、得意なことで役割を分担します。 **10-2-1** を参照しながら、それぞれの役割を整理してください。

問題2

(C)

解説

スコープのリクエストもセッションも出来ることは同じですが、リクエストスコープはレスポンス後に 消滅するので、システム実行中保持しておきたいデータを格納することには向いていません。

10-2-3 にあるプログラムで、ログイン認証が失敗した場合にエラーメッセージをログイン画面に返 すのは一度きりの内容なのでリクエストスコープで扱っています。一方、ログインユーザー情報は掲示 板でも使用するため、セッションスコープで扱っていることを確認しておきましょう。

❯ CHAPTER 11 練習問題　　　　　　　　　　P.242 ❮

問題1

(C)

解説

システムが持つ機能ごとにクラスを分けて管理すると、一部の機能を変更しても修正の影響は少なくなります。よって(C)が正解となり、(A)はクラスの設計に左右されるため不正解となります。

また機能とデータも切り分ける方が管理しやすくなるので、機能はJava／サーブレット／JSPといったプログラム言語で実装し、データはデータベースソフトウェアで扱うようにしています。

とはいえ、データベースに接続するために必要なデータなどは、プログラム中で持つ必要があるため、完全に分離することはできません。

よって(D)は不正解となります。

11-2-1 を参照しながら、それぞれの役割を整理してください。

索引

記号・数字

\<body\>	77
\<br\>	78
\<div\>	78
\<form\>	80
\<h1\>	78
\<head\>	77
\<hr\>	78
\<html\>	77
\<input type\>	81
\<label\>	81
\<li\>	78
\<meta\>	77
\<ol\>	78
\<option\>	81
\<p\>	78
\<select\>	81
\<span\>	78
\<submit\>	81
\<table\>	78
\<tbody\>	78
\<td\>	78
\<textarea\>	81
\<th\>	78
\<thead\>	78
\<title\>	77
\<tr\>	78
\<ul\>	78

A

Apache	17
application スコープ	181
AP サーバー	15
ArrayList	65

B・C

bg-success	88
boolean	52
btn	88
char	52
Connection	201
contentType	111
core	134
count	136
CREATE DATABASE	194
CREATE TABLE	194
CSS	74、83
CSS フレームワーク	84
current	136

D

DAO	205
database	134
DBMS	191
DB サーバー	15
DELETE	197
destroy	152
doGet メソッド	154
doPost メソッド	152
double	52
DTO	205

E・F

Eclipse	22
EL 式	127
false	53
fancy-checkbox	88
fancy-radio	88
file	111
FileNotFoundException	69

INDEX 索引

form-control	88
FTPサーバー	12
function	134

G・H

getterメソッド	64
GET送信	82
HTML	74

I

i18n	134、137
IDE	21
import	111
includeディレクティブ	111
index	136
init	152
INSERT	196
int	52

J

Java	14
Java API	20
JavaBeans	61
JDBC	201
JSP	14、92
JSTL	93、131
JVM	20

L・M・N

language	111
MySQL	34
name	81
newキーワード	57
null	224

O・P

outオブジェクト	115
padding-y-n	88
pageEncoding	111
pageディレクティブ	110
pe-nx	88
pe-va	88
Pleiades All in One	22
POST送信	82
PreparedStatement	201
private修飾子	61
protected	59
public修飾子	61

R・S

requestオブジェクト	115
requestスコープ	180
ResultSet	201
SELECT	196
service	152
sessionスコープ	180
setterメソッド	64
SkyBlue CSS Framework	84
Stringクラス	57
style属性	83

T

table	88
text-center	88
Tomcat	17
true	53
try-catch構文	68

U・V・W

UPDATE	197
URL	106
value	81
Visual C++ 再頒布可能パッケージ	34
web.xml	151
Web コンテナ	92
Web サーバー	15
Web システム	12

X

xml	134
XML	151

あ行

アイコン名	88
アクション	93、120
アクションタグ	121
アクセサ	61、64
アクセス修飾子	59
値の参照	129
アノテーション	154
アプリケーションサーバー	15
暗黙オブジェクト	112
インクルード	182
インクルードアクション	125
インクルードディレクティブ	123
インスタンス化	112
インターネット	12
インポート	30
エラーメッセージ	220
エレメント	76
オブジェクト	56
オブジェクト指向	57

か行

書き込み	228
書き込み方法	241
拡張 for 文	55
カスタムタグ	131
環境設定	44
基本データ型	52
クッキー	166
クライアント	12
繰り返し文	55
検索	196
検査例外	67
更新	197
コメント	93
コメントタグ	107
コレクション	230
コンストラクタ	59
コンテキスト	106
コンテキスト・ルート	106
コンテンツ・ディレクトリー	106
コンパイラ	20
サーブレット	14、142

さ行

サーブレットコンテナ	92
参照型	56
式	93
式言語	93、127
式タグ	108
四則演算子	130
実数	52
受信データ	161
条件分岐	52
情報	33
初期化パラメータ	176
シリアライズ	61、63

253

シングルクォーテーション	77	非検査例外	67
スクリプトレット	93	ビジネスロジック	16
スクリプトレットタグ	108	フォーム	78
スコープ	179	フォームデータ	158
制御構造	53	フォワード	125、185
整数	52	フォント	29
静的なページ	13	プレースホルダ	203
セッション	172	プロジェクト・エクスプローラー	33
接続情報	202	文書型宣言	76
宣言	93	ページの遷移	125
宣言タグ	107	変数	50
挿入	196	変数宣言	52
添字	54	変数の初期化	52

た・な行

代入演算子	52
タグ	76
ダブルクォーテーション	77
ディレクティブ	93、109
データ	33
データベースサーバー	15
データベースの作成	194
テーブルの作成	194
テキストエディタ	20
デフォルトコンストラクタ	59
統合開発環境	21
動的なページ	13
取り込み	32
認証方法	239

は行

配列	53
配列宣言	54
パス	44
パラメータの値を取得	129
比較演算子	130

ま行

メソッド	59
メンバ変数	59
文字コード	26、162

や行

要素	76
要素数	54
リクエスト	15
例外	67
例外クラス	67
例外処理	67
レスポンス	15
ログアウト処理	230
ログイン認証	218
ログイン機能	211

ら・わ行

論理演算子	130
ワークスペース	26

著者紹介

大井　渉（おおい　わたる）

スリーイン株式会社所属。1972年生まれ、神奈川県出身。学生時代はサッカーやラグビーをして過ごす。SE職として開発に携わったあとに講師となり、主にIT系新入社員の技術指導を行っている。

小田垣　佑（おだがき　ゆう）

スリーイン株式会社所属。1980年生まれ、神奈川県出身。情報系学部出身ではないが、社会人になってから本格的にプログラムを始める。PHPプログラマ・Javaプログラマとして活動しながら、新人研修の時期には、企業向け研修にてJava講師などを行う。

金替　洋佑（かねがえ　ようすけ）

スリーイン株式会社所属。1980年生まれ、東京都出身。Javaをメインとしたシステム開発に参画する傍ら、IT企業向けの新人研修にてJava講師などを行う。

デザイン・装丁	●	吉村 朋子
本文イラスト	●	安達 恵美子
レイアウト	●	技術評論社　制作業務部
編集	●	春原 正彦（技術評論社）

■サポートホームページ

本書の内容について、弊社ホームページでサポート情報
を公開しています。

http://gihyo.jp/book/

ゼロからわかる
サーブレット＆JSP超入門

2018年5月7日　初 版　第1刷発行

著　者　　大井　渉、小田垣　佑、金替　洋佑
発行者　　片岡　巌
発行所　　株式会社技術評論社
　　　　　東京都新宿区市谷左内町21-13
　　　　　電話　03-3513-6150　販売促進部
　　　　　　　　03-3513-6160　書籍編集部
製本／印刷　図書印刷株式会社

定価はカバーに印刷してあります

本書の一部または全部を著作権法の定める範囲を超えて、無
断で複写、転載、テープ化、ファイル化することを禁止します。

Ⓒ2018　スリーイン株式会社

造本には細心の注意を払っておりますが，万一，乱丁（ペー
ジの乱れ）や落丁（ページの抜け）がございましたら，小社販
売促進部までお送りください。送料小社負担にてお取り替え
いたします。

ISBN978-4-7741-9684-8　C3055
Printed in Japan

■お問い合わせについて

ご質問は本書の記載内容に関するものに限定させていただ
きます。本書の内容と関係のない事項、個別のケースへの
対応、プログラムの改造や改良などに関するご質問には一
切お答えできません。なお、電話でのご質問は受け付けて
おりませんので、FAX・書面・弊社Webサイトの質問用
フォームのいずれかをご利用ください。ご質問の際には書
名・該当ページ・返信先・ご質問内容を明記していただく
ようお願いします。
ご質問にはできる限り迅速に回答するよう努力しておりま
すが、内容によっては回答までに日数を要する場合があり
ます。回答の期日や時間を指定しても、ご希望に沿えると
は限りませんので、あらかじめご了承ください。

●問い合わせ先

〒162-0846　東京都新宿区市谷左内町21-13
株式会社技術評論社　書籍編集部
「ゼロからわかる　サーブレット＆JSP超入門」質問係
FAX番号　03-3513-6167

なお、ご質問の際に記載いただいた個人情報は、ご質問の
返答以外の目的には使用いたしません。また、返答後は速
やかに破棄させていただきます。